KB104787

수학 교과서
개념 읽기

넓이
미터에서 정적분까지

미터에서 정적분까지

넓이

수학 교과서 개념 읽기

개념 읽기

김리나 지음

창비

‘수학 교과서 개념 읽기’ 시리즈의 집필 과정을 응원하고
지지해 준 모든 분에게 감사드립니다.
특히 제 삶의 버팀목이 되어 주시는 어머니,
인생의 반려자이자 학문의 동반자인 남편,
소중한 선물 나의 딸 송하,
사랑하고 고맙습니다.

흔히들 수학을 잘하기 위해서는 수학의 개념을 잘 이해해야 한다고 말합니다. 그렇다면 '수학의 개념'이란 무엇일까요?

학생들에게 정사각형의 개념이 무엇이냐고 물으면 아마 대부분 "네 각이 직각이고, 네 변의 길이가 같은 사각형"이라고 이야기할 겁니다. 하지만 이는 수학적 약속 또는 정의이지 수학의 개념은 아니랍니다.

수학적 정의는 그 대상을 가장 잘 설명할 수 있는 대표적인 특징을 한 문장으로 요약한 것이라 할 수 있습니다. 따라서 나라마다 다를 수 있고 시대에 따라 달라지기도 합니다. 예를 들어, 정사각형을 '네 각이 직각인 평행사변형'이라고 정의할 수도 있고, '네 변의 길이가 같은 직사각형'이라고 정의할 수도 있지요.

반면 수학의 개념은 여러 가지 수학 지식들이 서로 의미 있게 연결된 상태를 의미합니다. 예를 들어 정사각형을 이해하기 위해서는 점, 선, 면의 개념을 알고 있어야 하고, 각과 길이의 개념도 이해해야 합니다. 또한 정삼각형이나 정육각형 같은 다른 정다각형의 개념도 알아야 이를 정사각형과 구분할 수 있겠지요. 따라서 '수학의 개념을 안다'는 것은 관련된 여러 가지 수학 내용들을 의미 있게 조직할 수 있음을 의미합니다.

하지만 여러 가지 수학 지식들의 공통점과 차이점, 그 외의 연관성들을 이해하고 이를 올바르게 조직하여 하나의 '수학적 개념'을 완성하는 것은 쉬운 일이 아닙니다. 하나의 수학 개념을 이해하기 위해 수와 연산, 도형, 측정과 같은 여러 가지 영역의 지식이 복합적으로 사용되기 때문입니다. 중학교 1학년에서 배우는 수학 개념을 알기 위해 초등학교 3학년에서 배웠던 지식이 필요한 경우도 있지요.

'수학 교과서 개념 읽기'는 수학 개념을 완성하는 것을 목표로 하는 책입니다. 초·중·고 여러 학년과 여러 수학 영역에 걸친 다양한 수학적 지식들이 어떻게 연결되어 있는지를 설명하고 있지요. 초등학교에서 배우는 아주 기초적인 수학 개념부터 고등학교에서 배우는 수준 높은 수학 개념까지, 그 관련성을 중심으로 구성되어 있습니다.

'수학 교과서 개념 읽기'는 수학 개념을 튼튼히 하고 싶은 모든 사람에게 유용한 책입니다. 까다로운 수학 개념도 초등학생이 이해할 수 있도록 여러 가지 그림과 다양한 사례를 통해 쉽게 설명하고 있으니까요. 제각각인 듯 보였던 수학 지식이 어떻게 서로 연결되어 있는지 이해하는 과정을 통해 수학이 단순히 어려운 문제 풀이 과목이 아닌 오랜 역사 속에서 수많은 수학자들의 노력으로 이룩된, 그리고 지금도 변화하고 있는 하나의 학문임을 깨닫게 되기를 희망합니다.

2021년 1월
김리나

넓이 편은 넓이를 약속하는 데 기초가 되는 길이의 단위인 미터(m)부터 적분까지, 학교에서 배우는 넓이와 관련한 내용들을 담고 있어요. 우리는 이 책을 통해 미터를 약속하는 과정과 이를 이용한 넓이의 약속, 여러 가지 도형의 넓이 구하는 법, 그리고 그래프를 이용해 넓이를 구하는 정적분을 살펴볼 거예요. 넓이는 언뜻 쉽고 간단한 개념처럼 보이지만, 그 쉬운 약속을 위해 수학자들은 오랜 시간 많은 노력을 해 왔답니다. 수학자들이 고민했던 과정을 살펴보면 여러분도 수학자처럼 생각하는 방법을 배울 수 있을 거예요.

3부 삼각형, 넓이 계산의 도우미

4부 정적분, 쌓아 올려요

땅의 넓이 구하기

국제축구연맹(FIFA)이 정한 국제 경기용 축구장의 넓이는 7140m^2(제곱미터)입니다. 축구장의 넓이는 여러분이 지금 보고 있는 '수학 교과서 개념 읽기' 책보다 얼마나 더 클까요? 7140m^{2}라는 건 어떻게 구했을까요? m^{2}라는 넓이의 단위는 누가 결정했을까요?

넓이에 대해 생각하다 보면 끊임없이 궁금한 점들이 생겨납니다. 우리는 이 책을 통해 넓이와 관련한 궁금증들을 해결해 나갈 거예요. 먼저 '넓이'라는 개념이 왜 필요한지, 누가 이러한 개념을 생각했는지부터 살펴보기로 해요.

넓이는 아주 오래된 수학 개념 중 하나랍니다. 사회가

발전하는 과정에서 꼭 필요한 수학 개념이 바로 '넓이'이기 때문이에요. 인류 문명은 인간들이 농경과 정착 생활을 하면서부터 발전하기 시작했습니다. 이때 함께 발달한 것이 바로 수학입니다. 수학은 사람들이 모여 살며 농사를 짓는 데 반드시 필요하니까요. 그중에서도 '넓이'라는 개념은 특히 중요했습니다. 내가 가진 땅의 크기를 정확히 측정하는 것은 농사의 기본일 뿐 아니라, 땅을 사고파는 데에도 사용되었으니까요.

넓이에 관한 인류 최초의 기록은 고대 이집트 문명에서 찾을 수 있어요. 고대 이집트 문명은 '세계 4대 문명' 가운데 하나로 기원전 3만 년경 아프리카 북동부 지역에서 발생했습니다. '나일강의 축복'이라는 표현에서도 짐작할 수 있는 것처럼, 고대 이집트가 번성하게 된 데에는 이집트를 가로지르는 나일강이 중요한 역할을 했습니다. 사람들이 생활에 필요한 물을 찾아 나일강 근처에서 거주하면서 고대 이집트 사회가 발전하기 시작한 것이지요.

고대 나일강 지역은 매년 6월이 되면 홍수로 강물이 불어났다가 9월이 되면 물이 줄어드는 현상이 반복되었습니다. 신기하게도 나일강이 범람하고 나면 나일강 근처 땅에서는 농사가 더 잘 지어졌어요. 홍수로 인해 강 상류의 풍부한 영양분이 떠내려와 나일강 주변의 땅들을 더욱 기름지게 만든 것이었지요. 마치 비료를 많이 준 땅에 농사를 지은 것처럼 곡물들이 잘 자랐습니다. 이 때문에 더 많은 사람들이 나일강 주변에 모여들었고, 이러한 과정을 통해 도시가 생겨나고 국가를 이룩하게 된 것이지요.

그런데 문제가 하나 있었습니다. 홍수가 나면 주변의 모든 농경 지대가 물에 잠기게 됩니다. 나일강이 범람할 때마다 땅의 경계가 모두 사라져서 고대 이집트 사람들은 해마다 자신의 땅을 다시 찾아야 했어요. 자연스럽게 고대 이집트 사람들은 자신이 가진 땅의 모양을 그리고, 그 넓이를 측정하는 방법을 연구하게 되었습니다. 이는 도형과 도형의 관계를 연구하는 수학의 한 분야인 기하학의 토대가 되었지요.

넓이는 오늘날 우리가 살아가는 데에도 반드시 필요한 개념입니다. 여러분이 공부하고 있는 교실의 크기를 나타낼 때에도, 도시를 설계할 때에도 넓이 개념이 활용됩니다. 따라서 넓이의 개념을 이해하고, 여러 가지 도형의 넓이 구하는 방법을 이해하는 것은 중요합니다.

지금부터 우리는 넓이를 약속하는 데 기초가 되는 개념들에서 시작해 적분을 포함해 도형의 넓이를 구하는 여러 가지 방법을 살펴볼 거예요.

1부

단위와 측정,
기준을 약속하기

넓이를 구하기 위해서는 먼저 넓이를 나타내는 기준이 되는 단위를 약속해야 합니다. 단위를 이해하는 것은 넓이의 크기를 예측하는 데에도 필요하지요. 넓이의 단위는 길이의 단위를 이용해 정의한답니다. 넓이의 개념과 길이의 개념은 밀접하게 연관되어 있기 때문입니다.

도형으로 나타내기

원의 넓이, 직사각형의 넓이, 정삼각형의 넓이…. 이처럼 넓이를 구할 때에는 넓이를 나타내는 대상을 함께 이야기합니다. 이때 원, 직사각형, 정삼각형 등을 도형이라고 합니다. 넓이를 정확하게 구하려면 넓이가 있는 '도형'이라는 개념을 먼저 이해해야 합니다.

다음 그림에서 밭이 차지하는 공간의 크기, 즉 밭의 넓이를 구한다고 생각해 봅시다. 밭의 둘레는 자로 그린 듯 반듯한 게 아니라 돌멩이와 나무뿌리 혹은 울퉁불퉁한 땅의 모양 때문에 어떤 부분은 살짝 들어가 있고 어떤 부분은 툭 튀어나와 있습니다.

　이런 모양의 밭의 넓이를 어떻게 구해야 할까요? 실제 밭의 넓이를 돌멩이 크기의 변화까지 고려해서 구하는 것은 어려워요. 그래서 사람들은 눈에 띄는 큰 변화가 없는 이상 밭의 둘레가 반듯하다고 가정했답니다. 그리고 밭의 둘레를 따라 도형을 그렸습니다. 도형(圖形)은 한자로 '모양(形)을 그리다(圖)'라는 의미를 가지고 있어요.

　이렇게 밭의 모양을 도형으로 나타내니 둘레가 직선으로 표시되어 넓이를 구하기가 훨씬 수월해 보입니다.

　그런데 또 다른 문제가 생겼습니다. 밭의 모양을 나타내는 둘레의 굵기에 따라 밭의 넓이가 달라지는 것이에요. 다음 그림과 같이 둘레가 굵은 오른쪽 밭의 넓이는 왼쪽 밭보다 좁게 측정될 수밖에 없지요.

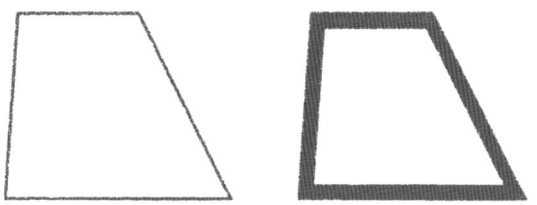

따라서 도형의 넓이를 구하기 전에 선의 두께를 얼마로 할지부터 약속해야 사람들이 넓이를 서로 다른 크기로 생각하지 않을 것입니다. 밭의 주인이라면 아주 조금이라도 자신의 밭이 원래보다 작게 측정되는 것이 싫겠지요? 그렇다면 둘레를 그리는 직선을 얼마나 얇게 그려야 할까요?

1. 선

　도형을 둘러싸는 선의 두께를 이해하기 위해서는 선이 무엇인지 알아야 합니다. **선은 점들이 모여서 이루어집니다.** 선이 점으로 이루어져 있다는 것은 유클리드의 『원론』에 약속되어 있습니다. 『원론』은 우리가 도형과 관련하여 배우는 내용의 기본적인 가정들이 담긴 책으로, 고대 그리스의 저명한 수학자인 유클리드가 기원전 3세기에 집필했습니다. '세계 최초의 수학 교과서'로도 알려져 있지요.

　'삼각형의 세 각의 합은 180°이다'와 같이 지금 우리가 당연하다고 여기는 대부분의 수학 원리와 법칙들은 수학자들이 수학적으로 증명한 것입니다. 그런데 이러한 증명을 위해서는 **증명이 필요 없는 기본적인 내용을 약속하는 과정이 우선 필요합니다.** 예를 들어 이야기해 볼게요. 어떤 사람이 사과를 '사자'라고 했습니다. 우리는 이 사람이 잘못 말했다는 사실을 알 수 있습니다. 그런데 우리가 먹는 과일이 사과가 사자가 아닌 사과라는 것을 어떻게 증명할 수 있을까요? 사과를 사과로 부르는 것은 사람들 사이의 약속이기 때문에 왜 사과를 사과라고 하느냐,라는 질문에는 대답하기가 어렵지요. 다만 "모양이 둥글고 붉으며 새콤하고 단맛이 나는 과일의 이름을 사과라고 한다."라는 식의 기본적인 약속이 있어야 의사소통이 원활하게 이루어질 수 있답니다.

수학도 이와 같습니다. 수학에서 가장 기초적인 근거가 되고 증명할 필요가 없는 진리를 우선 약속해야 이를 기준으로 다른 수학적인 내용을 증명할 수가 있어요. 유클리드의 『원론』에서는 **선은 무수히 많은 점으로 이루어져 있으며, 이때 점은 "위치는 있으나 부분이 없는 것", 선은 "폭이 없는 길이"로 정의합니다.** 이러한 약속은 지금 우리가 학교에서 배우는 수학에서 증명이 필요 없는 기본적인 약속으로 사용되지요.

그런데 점의 크기는 눈에 보이고, 선은 굵기가 있는데 유클리드는 왜 이런 정의를 내린 걸까요?

2. 점

점은 크기는 없지만 위치를 표시할 수 있도록 약속된 수학적 개념입니다. 점은 눈에도 보이고 그릴 수도 있는데 크기가 없다는 말이 이상하지요? 그렇다면 종이 위에 점 2개를 그려서 돋보기로 한번 살펴보세요. 두 점의 크기와 모양이 정확히 일치하지 않는다는 걸 확인할 수 있을 겁니다. 아무리 잘 그리려고 노력해도 두 점이 똑같을 수는 없습니다.

똑같은 크기와 모양의 점들을 그릴 수 있다고 가정하고 두 점을 연결하는 선을 그려 봅시다. 두 점을 똑같이 연결해도 돋보기로 살펴보면 내가 그린 선이 미묘하게 다른 것을 알 수 있습니다.

이러한 문제를 방지하기 위해서는 점의 크기가 아주 작아야 합니다. 그런데 대체 얼마나 작아야 할까요? 수학

자들은 아예 크기가 없어야 가장 정확한 점이라고 생각했습니다. 그래서 수학에서는 점이 위치만 가질 뿐, 크기는 없다고 약속한 것이지요. 그런데 크기가 없는 점이 실제 존재할 수는 없습니다. 수학에서 이야기하는 점은 우리의 상상 속에서만 존재한답니다.

무수히 많은 점들이 연결되어 완성되는 선도 마찬가지입니다. **점이 크기가 없기 때문에 선 역시 두께가 존재하지 않습니다.** 여러분이 책에서 보는 점과 선은 이해를 돕기 위해 임의로 그린 것이랍니다.

3. 면

도형 학습의 기본이 되는 점과 선의 정의를 알아보았으니 다음은 면을 어떻게 약속하는지 살펴볼 차례입니다. 밭의 모양을 따라 그린 도형에서 안쪽 부분을 '면'이라고 합니다. **점들이 모여서 선이 되듯, 일정한 방향으로 수많은 선들을 그리면 면이 됩니다.** 우리가 구하려는 넓이는 바로 이 면의 크기이지요.

유클리드는 **면이란 길이와 폭만 있고 두께가 없는 것이라**고 정의했습니다. 현실에서는 아무리 얇은 종이라도 두께가 있습니다. 면 역시 우리가 사는 세상에서는 눈으로 볼 수 없는 상상 속의 개념입니다.

도형 중에서도 밭의 모양을 본떠 그린 것과 같이 두께가 없는 도형을 특별히 평면도형이라고 합니다. 평면(平面)은 책상 위에 잘 펼쳐져 있는 종이처럼 평평한 면을 말합니다. **평면도형은 점, 선, 면 등과 마찬가지로 두께가 없는 상상 속의 도형이지요. 반면 상자 모양의 직육면체나 공 모양의 구처럼 두께가 있는 도형을 입체도형이라고 한답니다.**

다시 밭의 넓이를 구하는 문제로 돌아와 생각해 봅시다. 밭의 넓이를 구할 때 도형에서 둘레를 그린 선의 두께는 문제가 되지 않습니다. 선은 굵기가 없다고 약속했으니까요.

밭의 넓이를 측정하는 것은 밭의 모양을 가상의 면으로 바꾸어 생각하고 그 크기를 수학적으로 계산하는 것을 의미합니다. 밭의 넓이를 측정하면서 점, 선, 면의 수학적 정의들을 생각하는 사람은 별로 없을 거예요. 하지만 익숙한 계산을 논리적으로 분석해 보면 수학적 의미들이 숨어 있답니다.

단위 정하기

평면도형의 넓이를 구하는 것은 면의 크기를 측정하는 것을 의미합니다. '넓이가 넓다'라는 것은 면의 크기가 크다는 뜻이지요. 그런데 크다, 작다는 상대적인 개념입니다. 예를 들어, 개미의 입장에서 색종이는 너무나 크게 느껴지겠지요. 하지만 코끼리의 입장에서 색종이는 발바닥보다도 작은 크기입니다. 그렇다면 넓이를 정확하게 나타낼 수 있는 기준이 필요하겠지요? 이제 이러한 넓이의 기준에 대해 알아보도록 해요.

체육 시간에 운동장에 피구 경기장을 그렸던 경험을 떠올려 볼까요? 두 팀이 들어가는 공간의 크기를 똑같이 하기 위해 일정한 보폭으로 선을 따라 걸어 본 적이 있나요? 우리 팀 경기장 5걸음, 상대 팀 경기장도 5걸음 이런 식으로요.

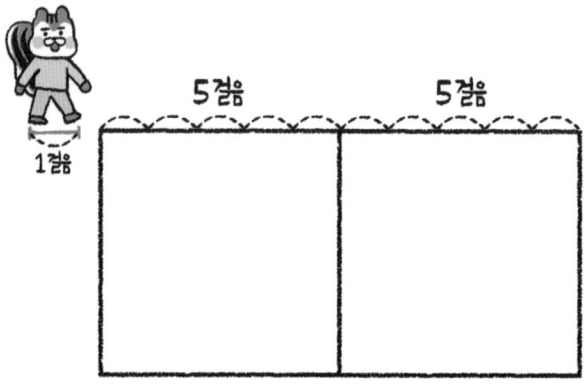

이때 피구 경기장의 크기를 가늠하기 위해 사용한 보폭은 길이를 재는 단위(單位)라고 할 수 있습니다. 단위는 낱개를 의미하는 한자 단(單)과 '자리하다'라는 의미의 한자 위(位)를 합쳐 만든 단어입니다. **단위란 길이와 같은 양을 측정할 때 기초가 되는 일정한 기준을 뜻합니다.**

과거에는 국가, 문화, 시대 등에 따라 단위가 다양하게 존재했습니다. 사람들은 주로 신체를 이용해 길이의 기준 단위를 만들었습니다. 예를 들어, 고대 이집트나 수메르에서는 큐빗(cubit)이라는 단위를 사용했습니다. 팔꿈치부터 가운뎃손가락 끝까지의 거리를 1큐빗으로 정했지요. 1큐빗은 약 460mm(밀리미터) 정도의 길이입니다. 그러나 사람마다 팔 길이가 다르기 때문에 큐빗이라는 단위는 일정하지 않았습니다.

지금도 서양에서 많이 사용되는 단위인 야드(yard)는 중세 영국의 왕 헨리 1세가 팔을 뻗었을 때 코끝에서 엄지손가락 끝까지의 거리를 기준으로 했다고 전해집니다.

이처럼 과거에는 왕과 귀족 등이 자신의 신체를 이용해 기준 단위를 만드는 경우가 많았습니다. 따라서 수많은 단위가 사용되었지요.

너무 다양한 단위는 실생활에서 여러 문제를 일으켰습니다. 특히 물건을 사고팔 때 물건을 파는 사람과 사는 사람이 사용하는 단위가 달라 다툼이 생기는 경우도 많았습니다. 그래서 사람들은 단위를 통일하려는 노력을 계속했답니다.

1. 길이의 단위

현재 우리가 사용하는 길이의 단위는 미터법에 의해 약속된 것입니다. 우리는 cm(센티미터), m(미터), km(킬로미터) 등 길이의 단위를 일상생활에서 사용하고 있지요. 여러분도 "내 키는 140cm야." "학교에서 집까지는 3km 거리야." 하는 식으로 길이의 단위를 사용해 본 적이 있을 거예요.

미터법은 프랑스 혁명이 진행되던 18세기 프랑스에서 처음 도입되었습니다. 지역마다 길이의 기준이 달라서 생기는 문제를 없애고자 프랑스 전체에서 공통으로 사용할 수 있는 길이의 단위를 정하기로 한 것이지요. 당시 프랑스의 정치가였던 샤를 모리스 드 탈레랑은 영원히 변하지 않는 것을 기준으로 길이의 단위를 정해야 한다고 주장했습니다. 이에 프랑스 과학 아카데미는 지구의 적도에서 북극까지의 최단 거리를 측정한 뒤, 이 거리의 1000만분의 1을 길이의 기준 단위로 결정하기로 했습니다. 1792년 장 들랑브르와 피에르 메솅은 거리를 측정하기 위해 실제로 북극과 적도로 떠났고, 이들이 측정한 적도에서 북극까지의 거리를 토대로 1m의 길이가 결정되었습니다.

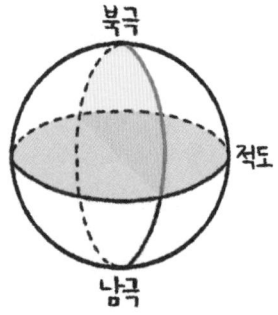

이후 1889년, 나라 간의 무역에서 길이의 기준이 달라 생기는 불편함을 없애기 위해 세계 각국 대표들이 모여 '국제 도량형 총회'를 열었습니다. **도량형은 길이, 무게, 부피 등 측정과 관련한 모든 기준을 의미합니다.** 도(度)는 길이 또는 길이를 측정하기 위한 자, 양(量)은 부피 또는 부피를 측정하는 도구, 형(衡)은 무게 또는 저울을 의미하는 한자입니다. 이 회의에서 각국의 대표들은 미터법을 국제적인 기준으로 삼기로 했습니다. 백금으로 1m 길이의 막대를 만들어 '미터원기'라 이름 짓고, 이 막대를 길이의 기준으로 사용했습니다.

백금과 이리듐의 합금으로 만든 미터원기의 모습.

이후 적도에서 북극까지의 거리 측정에 오차가 있기 때문에 미터의 기준을 바꿔야 한다는 주장이 제기되었습니다. 사람이 걸어서 측정한 거리에 당연히 오차가 있을 거라는 주장과 더불어, 시간의 변화에 따라 땅이 움직이고 이에 따라 북극점도 이동했을 것이라는 과학적 견해도 있었습니다. 또 시간이 지남에 따라 백금 원기의 모양이 틀어지는 문제점도 있었습니다. 그래서 지금은 빛이 진공 중에서 나아간 거리를 기준으로 1m를 약속합니다. **1m는 빛이 진공 중에서 $\dfrac{1}{299792458}$ 초 동안 지나간 경로의 길이입니다.**

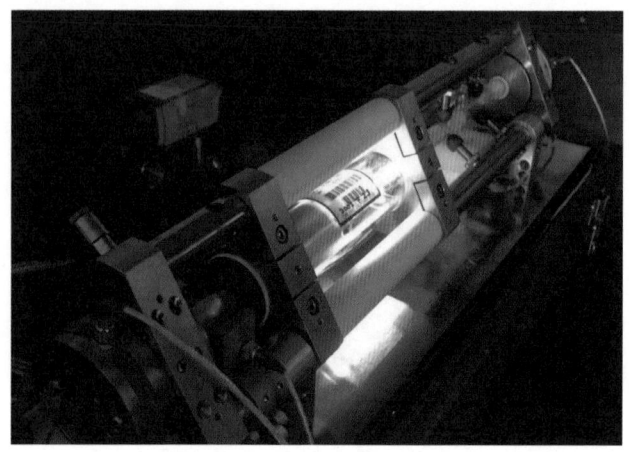

레이저를 활용한 미터원기의 모습.

우리가 일상생활에서 자주 사용하는 cm와 km는 1m를 기준으로, 십진법의 원리를 이용해 약속한 것입니다. 예를 들어, 킬로미터의 K(kilo, 킬로)는 어떤 단위의 1000배를 의미합니다. 1kg(킬로그램)은 1g(그램)의 1000배가 1kL(킬로리터)는 1L(리터)의 1000배가 되는 것이지요. 따라서 1km는 1000m를 의미합니다. 반면 C(centi, 센티)는 어떤 단위의 $\frac{1}{100}$을 의미해요. 즉 1cm(센티미터)는 1m의 $\frac{1}{100}$이랍니다.

미터(m)에서 파생된 단위들

아토미터(am)	1000분의 1펨토미터
펨토미터(fm)	1000분의 1피코미터
피코미터(pm)	1000분의 1나노미터
나노미터(nm)	1000분의 1마이크로미터
마이크로미터(μm)	1000분의 1밀리미터
밀리미터(mm)	1000분의 1미터
센티미터(cm)	100분의 1미터
데시미터(dm)	10분의 1미터
미터(m)	1미터
데카미터(dam)	1미터의 10배
헥토미터(hm)	1미터의 100배
킬로미터(km)	1미터의 1000배
메가미터(Mm)	1킬로미터의 1000배
기가미터(Gm)	1메가미터의 1000배
테라미터(Tm)	1기가미터의 1000배
페타미터(Pm)	1테라미터의 1000배
엑사미터(Em)	1페타미터의 1000배

2. 넓이의 단위

넓이의 기준 단위도 길이와 마찬가지로 미터법을 활용해 약속합니다. 앞서 길이의 기준은 1m라고 했습니다. **넓이의 기준은 가로세로의 길이가 각각 1m인 정사각형의 넓이를 나타내는 $1m^2$(제곱미터)입니다.**

한편 가로세로의 길이가 각각 1cm인 정사각형의 넓이는 $1cm^2$(제곱센티미터), 가로세로의 길이가 각각 1km인 정사각형의 넓이는 $1km^2$(제곱킬로미터)라고 합니다.

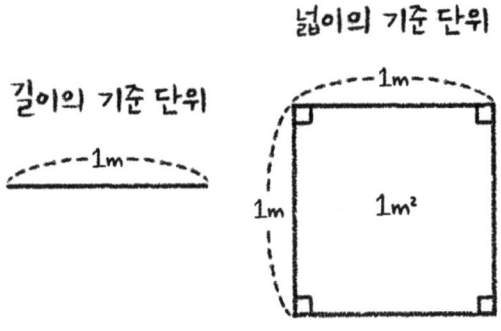

헥타르가 필요한 이유

넓이의 단위에는 cm^2, m^2 이외에 헥타르(hectare)도 사용됩니다. 기호로는 ha로 표시하지요. 1ha는 가로세로의 길이가 각각 100m 인 정사각형의 넓이를 나타냅니다. 헥타르는 원래 프랑스에서 사용되던 넓이의 단위입니다. 땅의 넓이를 측정할 때 일상적으로 많이 사용하는 단위였습니다.

미터법을 국제 기준으로 정하면서, 각 나라에서 사용되던 길이와 넓이의 단위는 사용하지 않기로 했지만 헥타르만은 미터법과 함께 사용하기로 결정했습니다. 미터법에서는 가로세로의 길이가 1m인 정사각형의 넓이는 $1m^2$, 1km인 경우에는 $1km^2$로 나타냅니다. 하지만 가로세로의 길이가 100m인 경우에는 $10000m^2$와 같이 큰 수로 넓이를 나타내야 하기 때문에 일상생활에서 사용하기 불편했지요. 이러한 문제를 없애기 위해 $10000m^2$를 나타내는 ha 라는 단위를 미터법과 같이 사용하기로 약속한 것입니다.

측정하기

넓이를 구하는 단위를 알아보았으니 이제 도형의 넓이 구하는 법을 살펴봅시다. 먼저 길이의 측정 방법을 알면 넓이의 계산 방법을 더 쉽게 이해할 수 있습니다.

누군가 여러분에게 연필의 길이를 측정해 보라고 한다면 어떻게 할 건가요? 가장 쉬운 방법은 자를 이용하는 것입니다. 연필의 길이는 자의 눈금을 이용해 측정할 수 있습니다. 그런데 자의 눈금을 읽는다는 건 단위길이가 몇 번 들어가는지를 세는 것과 같습니다. 예를 들어 연필의 길이가 9cm라면 길이의 단위가 되는 1cm가 9번 들어 있다는 의미입니다.

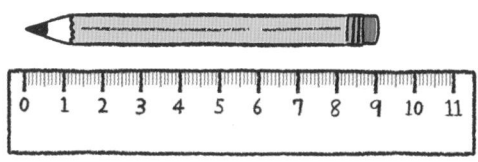

이와 같이 **어떠한 양을 측정한다는 것은 측정하고자 하는 대상에 기준 단위가 몇 번 들어가는가를 세는 것과 같습니다.**

넓이 역시 측정하고자 하는 면적에 단위넓이가 몇 번 들어가는지 세어서 측정할 수 있습니다. 예를 들어 다음 직사각형의 넓이는 넓이의 측정 단위인 $1cm^2$가 들어 있는 개수로 나타낼 수 있습니다. $1cm^2$가 총 12개 들어 있으므로 직사각형의 넓이는 $12cm^2$라고 할 수 있지요.

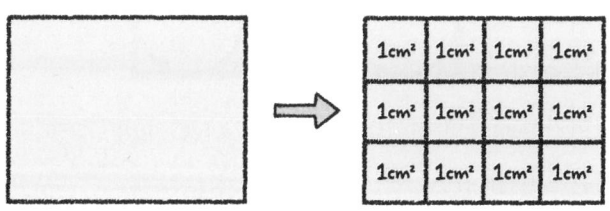

넓이를 측정하는 단위의 모양은 정사각형입니다. 다른 모양의 도형도 많은데 왜 정사각형일까요? 그 이유는 사각형이 임의의 면을 겹치지 않으면서도 빈틈없이 덮을 수 있는 도형이기 때문입니다. 평면도형의 넓이를 구할 때에는 단위 넓이가 몇 번 들어가는지를 셀 수 있어야 합니다. 만약 다음 그림처럼 원을 기준 단위로 정한다고 생각해 봅시다. 원과 같이 빈틈이 생기는 도형으로 단위를 정한다면 평면도형의 넓이를 제대로 측정하기가 어려울 것입니다.

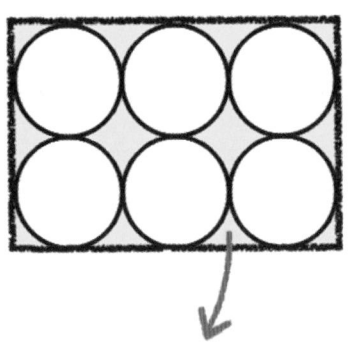

원으로 덮을 수 없는 부분의
넓이를 측정할 수 없음.

한편, 평면을 겹치지 않으면서 빈틈없이 덮을 수 있는 도형으로는 사각형 외에도 정삼각형, 정육각형 등이 있습니다. 그러나 밭의 모양뿐 아니라 일상생활의 물건 제작 등 우리 생활에서 사각형 모양이 다양하게 활용된다는 것을 고려했을 때, 단위넓이의 모양을 정사각형으로 하는 것이 합리적인 결정이었을 것입니다.

　누가 언제부터 넓이를 측정하는 단위를 사각형으로 결정했는지는 알 수 없지만 아주 오래전부터 사각형이 사용되었던 것은 분명합니다. 고대 이집트에서도 사각형을 단위넓이로 사용했다는 기록이 있답니다.

정리하기 | **넓이의 단위와 측정**

1. 현재 우리가 사용하고 있는 길이와 넓이의 단위는 미터법에 의해 정의됩니다.

2. 넓이는 평면에서 평면도형이나 입체도형의 면이 차지하는 공간이나 범위의 크기를 의미합니다. 넓이의 기준 단위는 미터법을 활용해 약속합니다.

3. 넓이를 측정하는 것은 측정하고자 하는 대상에 단위넓이가 몇 번 들어가는가를 세는 것과 같습니다.

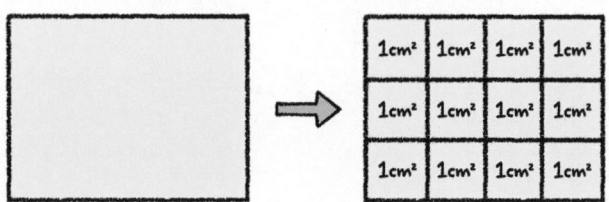

단위넓이인 $1cm^2$가 12개이므로
직사각형의 넓이는 $12cm^2$.

넓이의 기준 단위가 정사각형인 것은 평면을 빈틈없이 손쉽게 메울 수 있기 때문이라고 했습니다. 앞서 살펴본 것처럼 정삼각형, 정육각형 역시 평면을 빈틈없이 덮을 수 있는 도형이지요. 이러한 특징을 이용해 미술과 건축에 아름다운 패턴을 만드는 것을 테셀레이션이라고 합니다. 테셀레이션을 우리말로는 쪽 맞추기라고 합니다.

거리의 보도블록 또한 일종의 테셀레이션이다.

테셀레이션을 활용한 디자인은 우리 주변에서 흔히 찾아볼 수 있습니다. 욕실 바닥의 타일, 거리의 보도블록 등이 대표적이지요. 테셀레이션은 정삼각형, 정사각형, 정육각형 자체를 이용하기도 하지만 이 도형들의 모양을 변형하여 새로운 패턴을 만들기도 한답니다. 테셀레이션은 아주 오래전부터 여러 문화권에서 융단이나 옷의 무늬, 가구와 건축물의 디자인 등에서 다양하게 활용되어 왔습니다.

특히 유명한 것은 에스파냐의 그라나다에 위치한 옛 이슬람 왕국의 궁전인 알람브라 궁전입니다. 알람브라 궁전은 기하학적 무늬가 주기적인 패턴으로 반복되는 타일 모자이크로 장식되어 있습니다. 네덜란드의 판화가 마우리츠 에스허르는 알람브라 궁전을 보고 기하학적 패턴과 대칭의 아름다움에 빠져 테셀레이션을 작품에 활용하기도 했습니다. 알람브라 궁전은 수학적 시각과 공간감, 영감을 느낄 수 있는 공간입니다.

반복되는 무늬로 장식된 알람브라 궁전의 내부 모습.

2부

사각형,
넓이의 기준

평면도형의 넓이를 구하기 위해서는 평면도형을 직사각형 형태로 변형시켜야 합니다. 단위넓이의 모양이 정사각형이기 때문입니다. 따라서 넓이를 구하는 식은 여러 가지 도형을 직사각형 모양으로 바꾸는 방법과 관련되어 있습니다. 이 장에서는 모든 도형의 넓이를 구하는 데 기초가 되는, 사각형의 넓이 구하는 방법을 알아봅시다.

여러 가지 사각형

사각형(四角形)은 4개(四)의 각(角)이 있는 모양(形)이라는 의미입니다. 사각형은 4개의 선분으로 둘러싸여 있으며, 4개의 각을 가진 네모난 도형입니다.

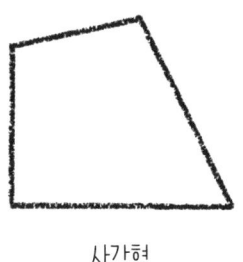

사각형

사각형을 이루는 선분을 변이라고 하고, 선분들이 만나 이루는 모서리를 각이라고 합니다. 사각형에서 서로 마주 보는 변을 '마주 보다' 또는 '짝'이라는 의미를 가진 한자 대(對)와 가장자리라는 뜻의 한자 변(邊)을 합쳐 대변이라고 합니다. 마찬가지로 사각형에서 마주 보는 각(角)을 대각(對角)이라고 합니다.

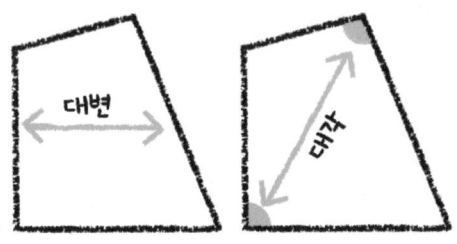

사각형은 평행한 변의 개수, 각의 크기, 변의 길이 등을 기준으로 사다리꼴, 평행사변형, 직사각형, 마름모, 정사각형과 같이 다양하게 분류할 수 있습니다. 사각형을 분류하는 다양한 기준과 그에 따른 사각형의 이름을 살펴봅시다.

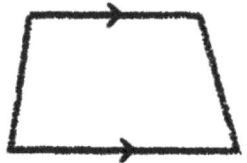

사다리꼴

네 변 중 적어도 한 쌍의 대변이 평행한 사각형을 사다리꼴이
라고 합니다. 사다리꼴이라는 용어는 이름 그대로 사다리
모양이라는 의미입니다.

평행사변형

두 쌍의 대변이 모두 평행한 사각형도 있겠지요? 이처
럼 **두 쌍의 대변이 각각 서로 평행한 사각형을 평행사변형이라고**
합니다. 평행사변형의 두 쌍의 대변은 각각 길이가 같습니다. 두
쌍의 대각도 각각 크기가 같습니다.

직사각형

두 쌍의 대변이 평행하면서 네 내각의 크기가 모두 90°로 같은 사각형을 직사각형이라고 합니다. 직사각형은 90°를 나타내는 직각이 있는 사각형이라는 뜻입니다.

마름모

두 쌍의 대변이 평행하면서 네 변의 길이가 모두 같은 사각형은 마름모입니다. 마름모는 평행사변형이기도 합니다. 다시 말해 평행사변형 중 네 변의 길이가 모두 같은 것이 마름모입니다.

정사각형

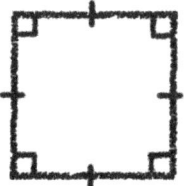

　직사각형 중 네 변의 길이가 모두 같은 사각형을 정사각형이라고 합니다. **네 변의 길이가 모두 같고, 네 내각의 크기가 모두 같아 똑바르게 생긴 사각형**이라는 뜻이지요. **정사각형은 평행사변형이자 마름모인 동시에 직사각형입니다.**

　지금까지 살펴본 여러 가지 사각형의 관계를 정리하면 다음의 그림과 같습니다. 사각형은 사다리꼴, 평행사변형, 마름모 등 여러 가지 모양으로 분류할 수 있습니다. 모양이 제각각이더라도 4개의 각과 4개의 변으로 이루어졌다면 사각형입니다. 한편, **모든 사각형은 내각의 합이 360°라는 공통점이 있습니다.** 그런데 360°라는 크기는 어떻게 알 수 있는 걸까요?

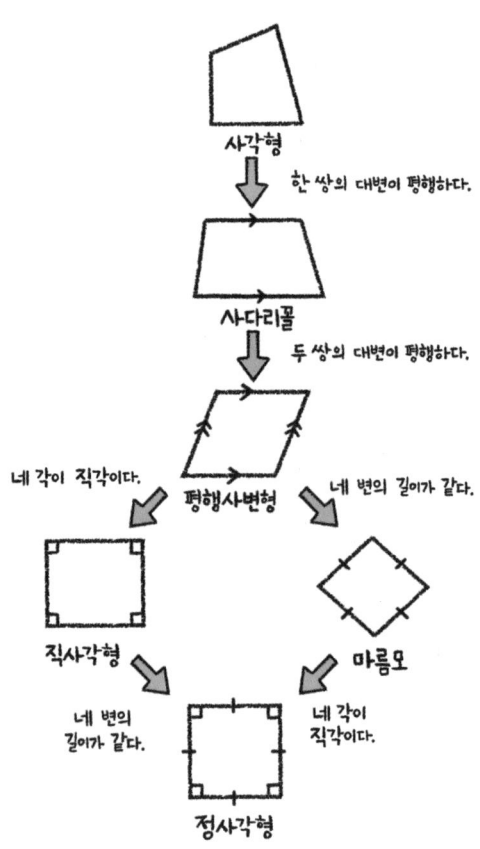

사각형 이름에 담긴 의미

두 쌍의 대변이 평행하면서 네 변의 길이가 모두 같은 사각형인 마름모는 중국에서 건너온 능형(菱形)이라는 한자어를 순우리말로 바꾼 것이에요. 마름모는 '마름'이라는 풀을 닮은 모양이라는 뜻이에요.

마름은 연못 등 물이 고인 곳에서 자라는 식물이다.

한 쌍의 대변이 평행한 사각형인 사다리꼴은 이름 그대로 사다리 모양이라는 의미입니다. 사다리꼴은 영어로 트라페조이드(trapezoid)라고 하는데요. 트라페조이드는 작은 테이블을 의미하는 그리스어에서 유래한 단어입니다. 테이블을 닮은 사각형이라는 뜻이지요. 같은 모양의 사각형을 보고 동양에서는 사다리를 떠올린 반면 서양에서는 테이블을 생각한 것이지요.

사각형 내각의 합

사각형의 내각의 크기에 대해 알아보기 전에, 우선 각이 무엇인지부터 살펴봅시다. **각(角)은 한 점에서 그은 2개의 반직선으로 이루어진 도형입니다.** 반직선은 한 점에서 시작해서 무한히 뻗어 나가는 선을 의미합니다. 마치 레이저의 불빛이 한 점에서 출발해서 하늘로 무한히 뻗어 나가는 것처럼요.

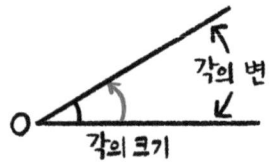

각도는 각의 크기를 나타내는 것으로 기본 단위는 도(°)입니다. 각도의 기준이 되는 수는 360으로, 360°는 원의 중심처럼 한 바퀴를 돌았을 때를 나타내는 각도입니다. 1°는 360°를 360으로 똑같이 나눈 것 중 하나의 크기입니다.

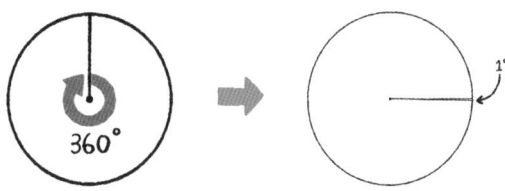

　　두 반직선이 서로 일직선으로 놓였을 때의 각을 평각이라고 합니다. **평각은 180°입니다.** 하나의 반직선이 다른 반직선에 똑바로 서 있을 때의 각을 직각이라고 합니다. **직각은 90°입니다.**

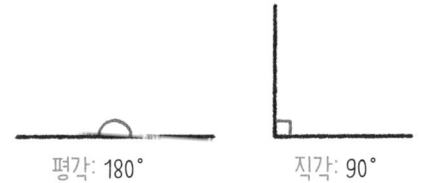

평각: 180°　　　　　직각: 90°

다각형에서는 다각형을 이루는 선분에 의해 각이 만들어집니다. 이때 **다각형 안쪽에 만들어지는 각을 내각(內角)이라고 합니다.** 이때의 내(內)는 안쪽을 의미하는 한자입니다. 반대로 **다각형 바깥쪽에 만들어지는 각을 외각(外角)이라고 합니다.** 이때는 바깥 외(外)를 씁니다.

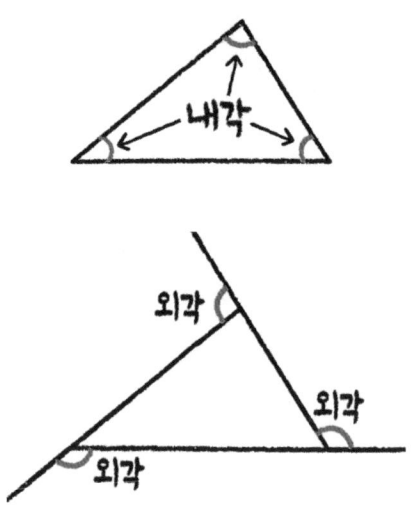

여러 가지 다각형

다각형은 직선으로 둘러싸인 평면도형입니다. 곡선으로 둘러싸인 도형과 달리 직선으로 둘러싸인 도형은 선분과 선분이 만나는 곳에 각이 생기기 때문에 '많다'라는 의미의 한자 다(多), 2개의 반직선으로 이루어진 도형을 나타내는 한자 각(角), 모양을 의미하는 한자 형(形)을 합쳐 다각형이라고 합니다. 다각형은 삼각형, 사각형, 오각형, 육각형…과 같이 각의 개수에 따라 분류합니다.

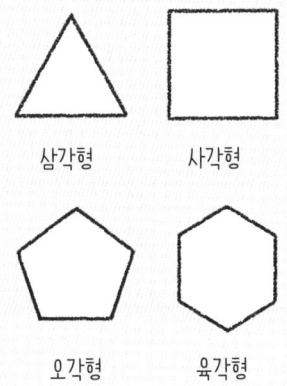

삼각형   사각형

오각형   육각형

1. 삼각형 내각의 합 180°

　사각형의 내각의 합은 삼각형의 내각의 합이 180°라는 것을 이용해 구할 수 있습니다. 먼저 삼각형의 내각의 합이 왜 180°인지 알아봅시다.

　엇각은 엇갈린 위치에 있는 각을 뜻합니다. 두 직선이 다른 한 직선과 만나서 생긴 각 중 엇갈린 위치에 있는 각이지요. 두 직선이 서로 평행일 때 엇각의 크기는 서로 같습니다. 다음 그림에서 **각 _a_와 각 _b_는 엇각으로 서로 크기가 같습니다.**

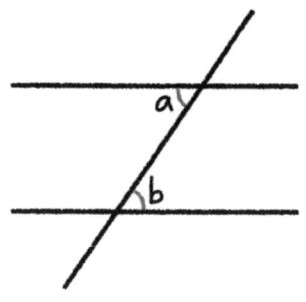

임의의 삼각형 ㄱㄴㄷ이 있습니다. 점 ㄱ을 지나고 변ㄴㄷ에 평행한 직선 ㄹㅁ을 그려 봅시다.

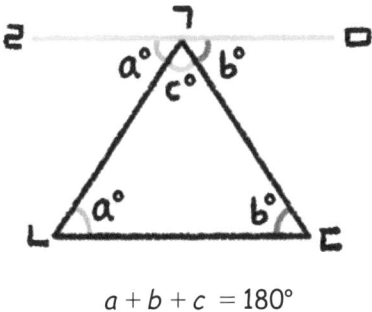

$$a + b + c = 180°$$

각 ㄱㄴㄷ은 각 ㄹㄱㄴ과 엇각으로 크기가 같습니다. 각 ㄱㄷㄴ과 각 ㅁㄱㄷ도 엇각으로 크기가 같습니다. 각 ㄹㄱ ㄴ과 각 ㅁㄱㄷ, 각 ㄴㄱㄷ을 합하면 직선 위의 평각, 즉 180°가 되는 것을 알 수 있습니다. 따라서 삼각형 내각의 합은 180°임을 알 수 있습니다.

그림으로 이해하는 삼각형 내각의 합

삼각형 내각의 합이 180°라는 사실은 다음 그림처럼 삼각형을 잘라 붙여 간단하게 확인할 수도 있어요.

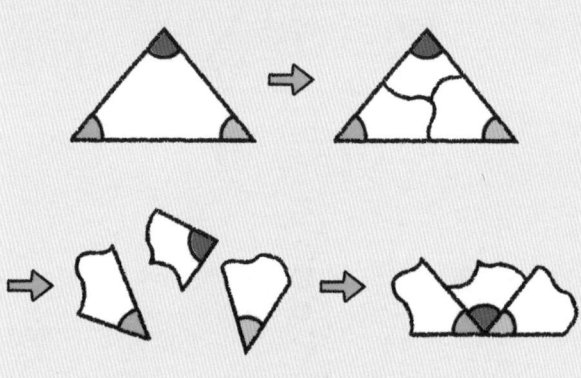

2. 사각형 내각의 합 360°

삼각형의 내각의 합이 180°임을 확인하는 것은 중요합니다. 이를 이용해 다른 다각형의 내각의 합을 구할 수 있기 때문이지요. 예를 들어 사각형의 내각의 합을 구하고 싶다면 사각형 안에 삼각형이 몇 개 들어 있는지 살펴보면 됩니다.

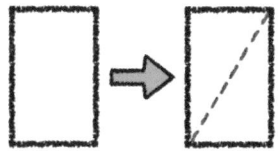

사각형 안에는 삼각형이 2개 들어 있습니다. 삼각형 내각의 합은 180°이므로 삼각형이 2개 들어 있는 사각형의 내각의 합은 360°가 됩니다.

$$\text{사각형 내각의 합} \quad 2 \times 180° = 360°$$

어떤 모양의 사각형이든 삼각형 2개를 이어 붙인 것으로 표현할 수 있습니다. 따라서 **모든 사각형의 내각의 합은 360°입니다.**

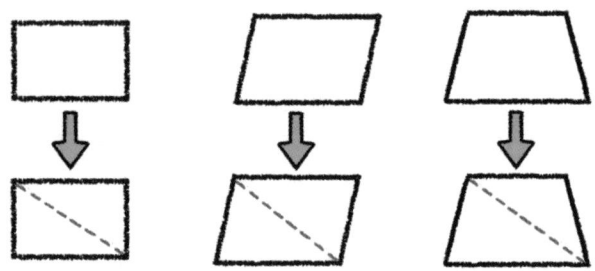

3. 다각형 내각의 합 구하기

다른 다각형의 내각의 합도 같은 원리로 구할 수 있습니다. 오각형 안에는 삼각형이 3개 들어 있으므로 내각의 합이 540°가 됩니다.

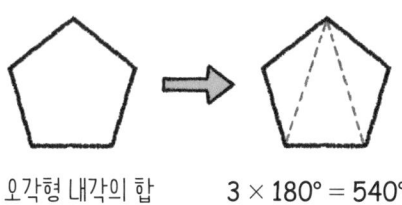

오각형 내각의 합   3 × 180° = 540°

육각형 안에는 삼각형이 4개 들어 있습니다. 따라서 육각형 내각의 합은 720°입니다.

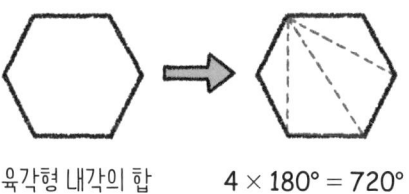

육각형 내각의 합   4 × 180° = 720°

이처럼 다각형의 내각의 합은 다각형 안에 있는 삼각형의 개수와 삼각형의 내각의 합을 곱한 값으로 구할 수 있습니다.

다각형의 내각의 합 = 삼각형의 개수 × 180°

③ 사각형의 넓이 공식

공식은 '공통되다'라는 의미의 한자 공(公)과 '법'을 나타내는 한자 식(式)을 합쳐 만든 단어입니다. 공식은 계산 법칙을 기호로 나타낸 식을 의미합니다. 수학에는 여러 가지 공식이 있습니다. 수학 공식은 수학 문제를 빠르고 정확하게 해결하는 데 도움을 줍니다. 예를 들어 사다리꼴의 넓이 공식을 알고 있다면 어떤 모양의 사다리꼴이라도 쉽게 넓이를 구할 수 있습니다. 지금부터 여러 가지 사각형의 넓이 공식에 대해 살펴보겠습니다.

1. 직사각형과 정사각형

앞서 넓이를 측정할 때 사용하는 단위넓이의 모양은 정사각형이라고 했습니다. 직사각형의 넓이는 그 안에 들어가는 단위넓이의 개수를 세어 나타낼 수 있지요. 예를 들어, 다음과 같은 직사각형에는 가로세로의 길이가 1cm인 단위넓이 $1cm^2$가 4개씩 3줄 들어갑니다. 따라서 넓이는 4×3, $12cm^2$입니다.

$1cm^2$	$1cm^2$	$1cm^2$	$1cm^2$
$1cm^2$	$1cm^2$	$1cm^2$	$1cm^2$
$1cm^2$	$1cm^2$	$1cm^2$	$1cm^2$

이처럼 직사각형의 넓이는 가로의 길이와 세로의 길이를 곱해 구할 수 있습니다.

직사각형의 넓이 = 가로의 길이 × 세로의 길이

한편, 정사각형은 직사각형 중 모든 변의 길이가 같은 사각형입니다. 따라서 정사각형의 넓이를 구하는 공식은 직사각형의 넓이를 구하는 공식과 같습니다.

$$\text{정사각형의 넓이} = \text{가로의 길이} \times \text{세로의 길이}$$
$$= \text{한 변의 길이}^2$$

2. 사다리꼴의 넓이 공식

사다리꼴은 마주 보는 한 쌍의 변이 평행한 사각형입니다. 사다리꼴의 넓이를 구하는 공식은 직사각형의 넓이를 구하는 방법과 관련이 있습니다. 먼저 사다리꼴을 직사각형 모양으로 만드는 방법을 고민해 봅시다.

그림과 같이 사다리꼴 ㄱㄴㄷㄹ과 크기와 모양이 같은 사다리꼴을 하나 더 그려 두 도형을 붙여 봅시다. 새로운 사다리꼴은 사다리꼴 ㄱ'ㄴ'ㄹㄷ이라고 부릅시다.

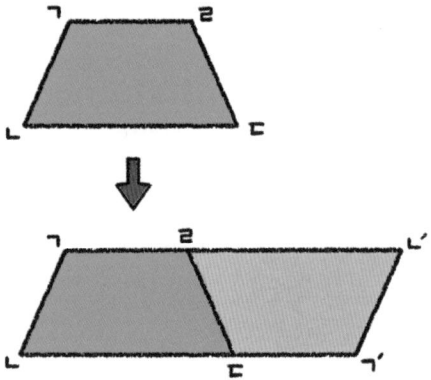

다음 그림처럼 선분 2개를 그어 사각형을 직각삼각형 2개와 직사각형 1개로 나누어 봅시다.

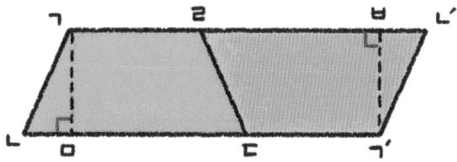

2개의 선분이 변과 만나는 점을 각각 점ㅁ, 점ㅂ이라고 합시다. 이때, 직각삼각형ㄱㄴㅁ과 직각삼각형ㄱ′ㄴ′ㅂ은 크기와 모양이 같은 직각삼각형입니다. 사다리꼴ㄱㄴㄷㄹ을 뒤집은 모양이 사다리꼴ㄱ′ㄴ′ㄹㄷ이기 때문에 직각삼각형ㄱ′ㄴ′ㅂ 역시 직각삼각형ㄱㄴㅁ이 뒤집어진 것으로 생각할 수 있지요.

이제 직각삼각형ㄱㄴㅁ을 잘라서 직각삼각형ㄱ′ㄴ′ㅂ 옆으로 옮겨 봅시다. 직각삼각형을 옮겼더니 직사각형 모양이 되었습니다.

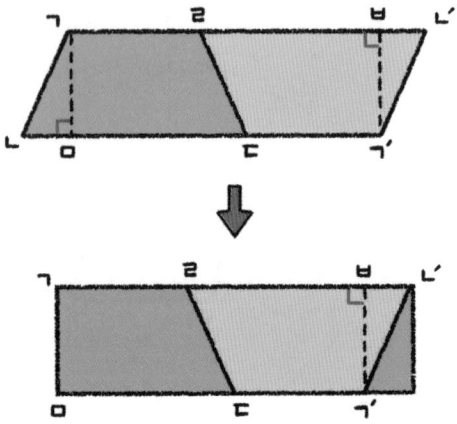

이때 직사각형의 가로의 길이는 사다리꼴의 윗변과 아랫변을 더한 길이가 됩니다. 세로의 길이는 사다리꼴의 높이와 같습니다. 앞서 직사각형의 넓이는 가로의 길이와 세로의 길이의 곱으로 구한다고 했습니다. 따라서 직사각형의 넓이는 다음과 같이 구할 수 있습니다.

직사각형의 넓이
= {(윗변의 길이) + (아랫변의 길이)}
× 사다리꼴의 높이

그런데 이 직사각형은 원래의 사다리꼴을 2개 이어 붙인 것입니다. 사다리꼴 1개의 넓이를 구하려면 직사각형 넓이를 이등분해야 합니다. 따라서 사다리꼴의 넓이 구하는 공식은 다음과 같이 정리할 수 있습니다.

사다리꼴의 넓이
= {(윗변의 길이) + (아랫변의 길이)}
× 사다리꼴의 높이 ÷ 2

3. 평행사변형

　평행사변형은 마주 보는 두 쌍의 변이 평행한 사각형입니다. 또 마주 보는 두 변의 길이와 마주 보는 두 각의 크기가 각각 같다는 특징이 있지요. 평행사변형의 넓이를 구하는 방법 역시 평행사변형을 오리고 다시 붙여서 직사각형 모양으로 바꾸는 것과 관련되어 있습니다.

　그 전에 잠깐, 삼각형의 합동 조건을 확인하고 갑시다. **모양이나 크기를 바꾸지 않고 움직여서 완전히 포개어지는 두 도형을 합동(合同)이라고 합니다.** 기호로는 ≡로 표시하지요. 합동은 모양과 크기는 같고 위치만 다른 두 도형을 의미합니다. 삼각형의 합동 조건은 유클리드의 『원론』에 증명되어 있어요. 다음 세 경우일 때 두 삼각형은 합동입니다.

삼각형의 합동 조건

① 세 변의 길이가 서로 같을 때

② 두 변의 길이와 그 사잇각의 크기가 같을 때

③ 한 변의 길이와 그 변의 양쪽 끝 각의 크기가 같을 때

평행사변형 ㄱㄴㄷㄹ을 직사각형 모양으로 만들어 볼까요? 다음 그림과 같이 꼭짓점ㄱ과 꼭짓점ㄷ에서 각각 마주 보는 변에 수직을 이루는 선분을 그려 봅시다.

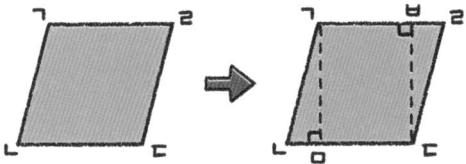

이때 평행사변형 가운데 부분에 만들어지는 사각형ㄱㅁㄷㅂ은 네 각이 직각인 직사각형입니다. 직사각형에서 마주 보는 변ㄱㅂ과 변ㅁㄷ의 길이는 서로 같지요.

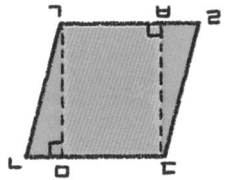

평행사변형에서 마주 보는 변인 변ㄱㄹ과 변ㄴㄷ의 길이는 서로 같습니다. 따라서 변ㄱㄹ과 변ㄴㄷ에서 같은 길이인 변ㄱㅂ과 변ㅁㄷ을 각각 뺀 변ㅂㄹ과 변ㄴㅁ의 길이도 서로 같습니다.

또한 직사각형ㄱㅁㄷㅂ에서 마주 보는 변인 변ㄱㅁ과 변ㅂㄷ의 길이도 서로 같습니다. 따라서 직각삼각형ㄱㄴㅁ과 직각삼각형ㄷㄹㅂ은 크기와 모양이 같은 도형입니다. 두 변이 같고 그 사잇각이 직각으로 서로 같으니까요. 그렇다면 한쪽의 직각삼각형을 다른 쪽 직각삼각형으로 옮겨 붙여 봅시다. 2개의 직각삼각형은 하나의 새로운 직사각형이 됩니다. 따라서 평행사변형은 다음 그림과 같이 하나의 직사각형으로 만들 수 있습니다.

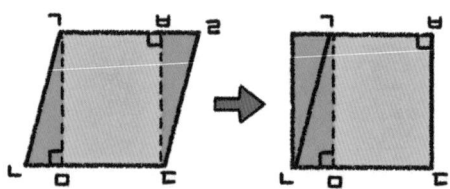

평행사변형을 직사각형으로 바꾼 모양에서 가로의 길이는 원래 평행사변형의 가로의 길이와 같고, 세로의 길이는 평행사변형의 높이와 같습니다. 따라서 평행사변형의 넓이는 다음과 같이 구할 수 있습니다.

$$평행사변형의\ 넓이 = 가로의\ 길이 \times 높이$$

4. 마름모

마름모는 두 쌍의 대변이 평행하고, 네 변의 길이가 모두 같은 사각형입니다. 마름모는 평행사변형이기도 합니다. 따라서 다음과 같이 회전해서 두 변 사이의 거리, 즉 높이를 구할 수 있다면 마름모의 한 변의 길이와 높이를 곱해 넓이를 구할 수 있습니다.

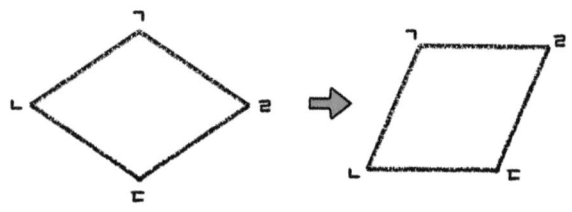

마름모의 넓이
= 한 변의 길이 × 높이

마름모의 넓이를 구하는 다른 방법으로 삼각형의 합동을 이용할 수 있습니다.

마름모ㄱㄴㄷㄹ에서 서로 마주 보는 꼭짓점ㄱ과 꼭짓

점ㄷ을 연결해 봅시다.

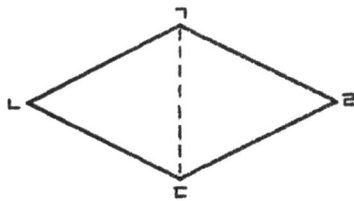

　'네 변의 길이가 모두 같다'라는 마름모의 정의에 의해서 변ㄱㄴ과 변 ㄴㄷ, 변ㄱㄹ과 변ㄷㄹ의 길이는 모두 같습니다. 우리가 새로 그은 변ㄱㄷ은 삼각형ㄱㄴㄷ과 삼각형ㄱㄹㄷ이 공통으로 가지고 있는 한 변이지요. 즉, 삼각형ㄱㄴㄷ과 삼각형ㄱㄹㄷ은 세 변의 길이가 서로 같습니다. 따라서 두 삼각형은 합동입니다.

　이번에는 삼각형ㄱㄴㄷ만 살펴봅시다. 꼭짓점 ㄴ에서 각ㄱㄴㄷ을 똑같이 둘로 나누는 선분을 하나 그립니다. 이 선분과 변 ㄱㄷ이 만나는 점을 점ㅁ이라고 합시다.

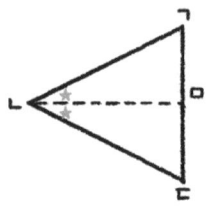

  삼각형ㄱㄴㅁ과 삼각형ㄷㄴㅁ은 변ㄱㄴ과 변ㄷㄴ의 길이가 같고 변 ㄴㅁ을 공통으로 가지고 있습니다. 또한 각ㄱㄴㅁ과 각ㄷㄴㅁ의 크기가 같지요. 두 변과 사잇각의 크기가 같으므로 삼각형ㄱㄴㅁ과 삼각형ㄷㄴㅁ은 서로 합동입니다.

  다시 원래의 마름모로 돌아가 생각해 보면 삼각형ㄱㄴㅁ과 삼각형ㄷㄴㅁ, 삼각형ㄷㄹㅁ과 삼각형ㄱㄹㅁ 모두 크기와 모양이 같은 삼각형이라는 것을 알 수 있습니다.

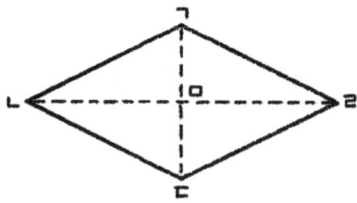

이제 크기와 모양은 같지만 위치가 다른 마름모 속 4개의 삼각형에서 크기가 같은 각을 확인해 봅시다. 기호 ♥와 ★을 이용해 서로 크기가 같은 각을 표시하면 다음과 같습니다.

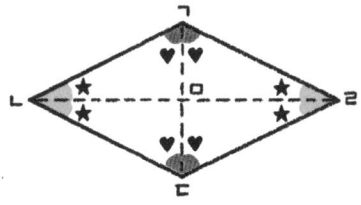

사각형의 내각의 합은 360°이므로 (♥ × 4) + (★ × 4) = 360°입니다. 즉 ♥ + ★은 90°가 되지요. 삼각형의 내각의 합은 180°이므로 마름모의 마주 보는 꼭짓점을 연결한 대각선이 만드는 각은 모두 직각이라는 것을 알 수 있습니다. 따라서 마름모는 같은 모양의 직각삼각형 4개를 붙인 모양이라고 생각할 수 있습니다. 그렇다면 마름모의 넓이는 어떻게 계산할까요? 다음 그림처럼 같은 모양의 직각삼각형 4개를 더 연결해 봅시다.

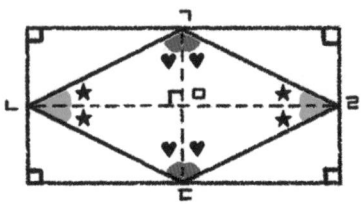

어떤가요? 같은 모양의 직각삼각형 8개를 붙여 보니 직사각형이 되었습니다. 직사각형의 가로의 길이는 꼭짓점 ㄴ과 ㄹ을 연결한 선분과 같고, 세로의 길이는 꼭짓점 ㄱ과 ㄷ을 이은 선분과 같습니다. 즉, 직사각형의 가로와 세로 길이는 마름모에서 마주 보는 두 꼭짓점을 연결한 대각선의 길이와 같습니다. 따라서 직사각형의 넓이는 다음과 같이 구할 수 있습니다.

직사각형의 넓이
= 한 대각선의 길이 × 다른 대각선의 길이

이제 직사각형의 넓이를 구했으니 다시 마름모의 넓이를 생각해 봅시다. 마름모는 직사각형을 이루는 8개의 직각삼각형 중 4개의 직각삼각형으로 이루어져 있습니다. 따라서 마름모의 넓이는 직사각형 넓이를 이등분한 것입니다. 이를 공식으로 정리하면 다음과 같습니다.

$$\text{마름모의 넓이}$$
$$= \text{한 대각선의 길이} \times \text{다른 대각선의 길이} \div 2$$

한편, 사각형 중에는 사다리꼴, 평행사변형, 마름모, 직사각형, 정사각형으로 분류할 수 없는 것들도 있습니다. 마주 보는 변이 평행하지 않은 사각형들이지요. 이러한 사각형들을 일반 사각형이라고 합니다.

일반 사각형은 네 각과 네 변이 있다는 것 외에 특별한 공통점이 없기 때문에 넓이를 구하는 공식이 없답니다. 일반 사각형의 넓이를 구하기 위해서는 일반 사각형을 어떻게 직사각형 모양으로 바꿀 것인지를 고민해야 합니다.

5. 다각형의 넓이와 사각형

수학자들은 여러 가지 사각형뿐 아니라 삼각형의 넓이 구하는 공식도 정리해 두었습니다. 삼각형의 넓이에 대해서는 3부에서 자세히 살펴볼 예정이에요. 그런데 수학자들은 왜 사각형과 삼각형의 넓이 공식을 정리해 둔 걸까요? 오각형, 육각형, 칠각형 등의 다각형 넓이를 구할 때 사각형과 삼각형의 넓이 구하는 방법을 활용할 수 있기 때문입니다. 서로 이웃하지 않는 두 꼭짓점을 이어 대각선을 그으면 어떤 다각형이라도 삼각형과 사각형을 이어 붙인 모양으로 생각할 수 있습니다. 예를 들어 다음의 육각형을 살펴볼까요?

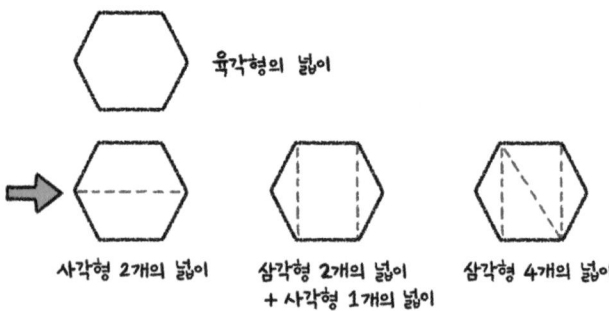

육각형의 넓이

사각형 2개의 넓이 　　삼각형 2개의 넓이　　삼각형 4개의 넓이
　　　　　　　　　+ 사각형 1개의 넓이

육각형을 어떻게 나누는지에 따라 사각형 2개가 될 수도 있고, 삼각형 2개와 사각형 1개가 될 수도 있고, 또 삼각형 4개가 될 수도 있습니다. 따라서 육각형의 넓이를 구하는 방법을 모르더라도 삼각형과 사각형의 넓이 구하는 법을 안다면 이를 활용해 육각형의 넓이를 구할 수 있습니다. 다각형을 이루고 있는 사각형, 삼각형들의 넓이의 합을 구해 원래 다각형의 넓이를 구하는 것이지요.

이때 여러 가지 삼각형과 사각형의 넓이 구하는 공식을 미리 잘 알고 있다면 다각형의 넓이를 더 빠르고 정확하게 계산할 수 있습니다. 예를 들어, 정오각형의 넓이는 이등변삼각형과 사다리꼴의 넓이의 합으로 나타낼 수 있습니다. 이때, 이등변삼각형과 사다리꼴을 각각 직사각형 모양으로 바꾸어 넓이를 구하고 이를 다시 더하는 것보다 이등변삼각형과 사다리꼴의 넓이 구하는 공식을 이용해 계산하는 것이 더 편리하겠지요?

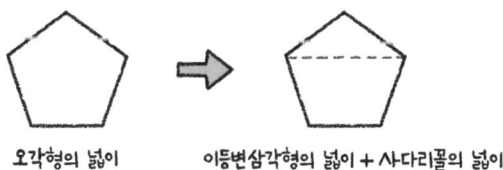

오각형의 넓이 ⟶ 이등변삼각형의 넓이 + 사다리꼴의 넓이

원의 넓이와 사각형

평면 위의 한 점에서 일정한 거리에 있는 점들로 이루어진 도형을 원이라고 합니다. 이때, 한 점을 원의 중심, 점들로 이루어진 곡선을 원둘레 또는 원주라고 하지요. 원의 중심과 원 위의 한 점을 이은 선분을 원의 반지름이라고 하고, 원 안에 그릴 수 있는 가장 긴 선분을 원의 지름이라고 합니다.

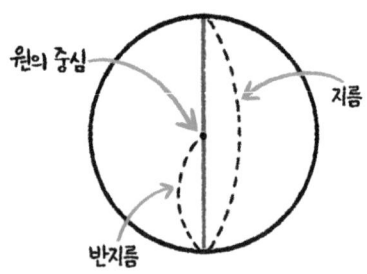

세상의 모든 원은 원주를 지름으로 나눈 값이 일정합니다. 이 값을 원주율이라고 합니다.

$$원주율 = 원주 \div 지름 = 약\ 3.14$$

원주율은 약 3.14인데 기호 π(파이)를 이용해 나타냅니다. 즉, 원주를 지름으로 나눈 값이 π이므로 지름에 π를 곱하면 원주를 구할 수 있습니다.

원의 넓이와 관련한 가장 오래된 연구는 기원전 5세기 경의 기록입니다. 그리스 수학자 에우독소스는 원의 넓이가 반지름의 제곱에 비례한다는 것을 발견했습니다. 이후 그리스 수학자 아르키메데스는 원 내부와 외부에 정다각형을 그리는 방법으로 원의 넓이를 구했습니다.

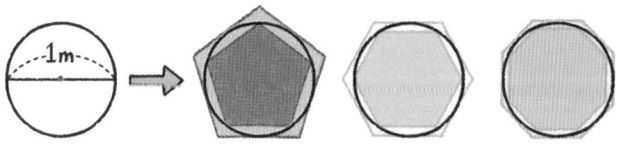

그림에서 원의 넓이는 원 안에 그린 다각형보다 크고 원 밖에 그린 다각형보다 작습니다. 아르키메데스는 원 안과 밖에 그리는 정다각형을 정구십육각형까지 생각해서 원의 넓이를 계산했습니다. 아르키메데스의 계산은 정답과 거의 가까웠지만 완벽하게 정확한 값은 아니었습니다. 이후 많은 수학자들이 원의 넓이를 정확하게 알아내기 위해 연구를 거듭했답니다.

지금부터 우리가 살펴볼 방법은 「모나리자」「최후의 만찬」 등의 작품으로도 유명한 15세기 이탈리아의 화가이자 수학자인 레오나르도 다빈치가 고안한 계산법이에요. 다빈치는 원을 직사각형 형태로 바꾸어 계산하는 방법을 떠올렸습니다.

동그란 모양의 원을 어떻게 직사각형 모양으로 바꿀 수 있을까요? 원을 똑같은 크기의 조각들로 나눈 후 각 조각을 이어 붙여 봅시다. 원을 한없이 작게 잘라서 다음과 같이 붙이면 직사각형 모양이 됩니다.

조각을 이어 붙여 만든 직사각형의 가로의 길이는 원주의 $\frac{1}{2}$과 같고, 세로의 길이는 반지름의 길이와 같습니다. 원주는 '지름 × π'입니다. 따라서 원주의 $\frac{1}{2}$은 '반지름 × π'입니다.

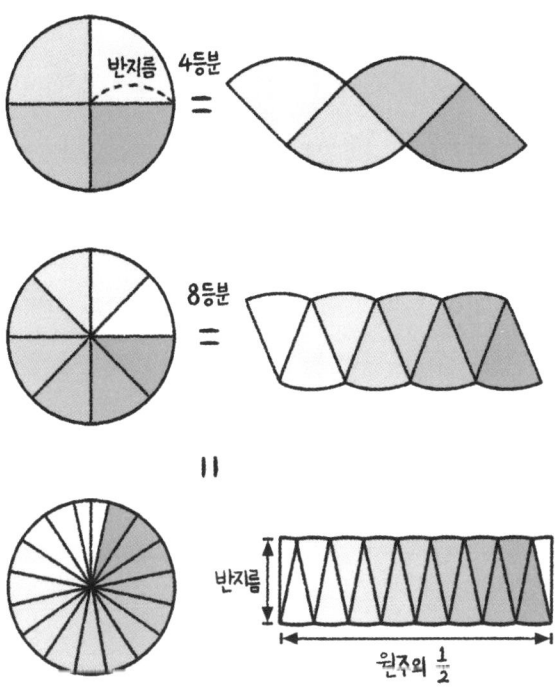

직사각형의 넓이는 가로의 길이와 세로의 길이를 곱해 구할 수 있습니다. 따라서 원의 넓이를 구하는 공식은 다음과 같이 나타낼 수 있습니다.

$$원의 넓이$$
$$= 원주의\ \frac{1}{2} \times 반지름$$
$$= 반지름 \times \pi \times 반지름$$
$$= \pi \times 반지름^2$$

이와 같이 도형의 모양을 직사각형으로 바꾸어 생각하는 것은 넓이를 구하는 가장 기본적인 접근 방법이랍니다.

 정리하기 | **사각형의 넓이**

1. 사각형은 평행한 변의 개수, 각의 크기, 변의 길이 등에 따라 다양하게
   분류할 수 있습니다

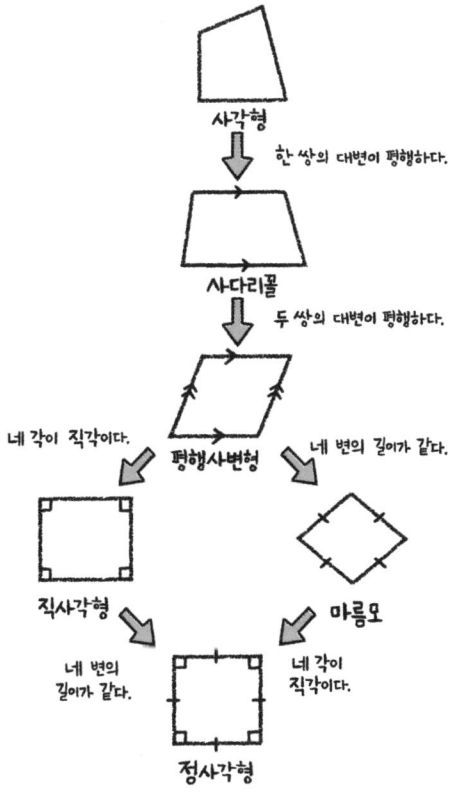

2. 사각형의 넓이 구하는 공식은 다음과 같습니다.

직사각형과 정사각형의 넓이
= 가로의 길이 × 세로의 길이

사다리꼴의 넓이
= {(윗변의 길이) + (아랫변의 길이)} × 높이 ÷ 2

평행사변형의 넓이
= 가로의 길이 × 높이

마름모의 넓이
= 한 대각선의 길이 × 다른 대각선의 길이 ÷ 2

3. 원의 넓이 구하는 공식은 다음과 같습니다.

$$원의 넓이 = \pi \times 반지름^2$$

레오나르도 다빈치는 「모나리자」를 그린 화가로 유명합니다. 다빈치는 위대한 화가이기도 했지만, 수학자이기도 했답니다. 1452년 이탈리아에서 태어난 다빈치는 수학자 루카 파치올리에게 유클리드 기하학과 제곱, 제곱근의 곱셈을 배웠다고 알려져 있습니다. 다빈치는 수학 수업에 대한 보답으로 1496년 파치올리가 쓴 『신성한 비례』라는 책에 들어갈 그림을 그려 주기도 했습니다.

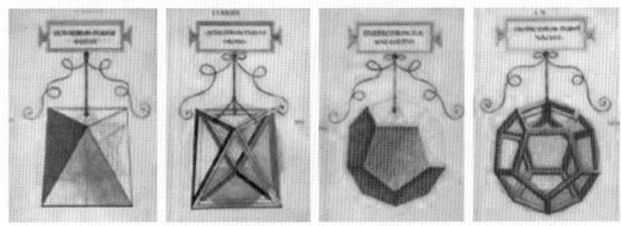

레오나르도 다빈치가 그린 『신성한 비례』속 삽화.
왼쪽의 두 그림은 정팔면체를, 오른쪽 두 그림은
정십이면체를 나타낸 것이다.

다빈치가 그려 준 그림은 정사면체, 정육면체, 정팔면체, 정십이면체, 정이십면체와 구, 원뿔, 원기둥, 피라미드 등의 구조를 명확히 보여 주었지요. 파치올리는 책 서문에서 "형언할 수 없을 만큼 뛰어난 왼손잡이이자 모든 수학 분야에 정통한 인물인 다빈치가 고맙게도 삽화를 그려 줬다."
라고 소개했습니다.

다빈치는 넓이가 똑같은 원과 정사각형을 작도하는 문제에도 관심을 가
졌습니다. 문제를 풀기 위해서는 먼저 원의 면적을 구해야 했는데, 방정
식을 다룰 수 없던 다빈치는 원을 삼각형 또는 사각형으로 쪼개 보기도
하고 원의 둘레를 펼쳐 길이를 측정하기도 했습니다. 10여 년간 수많은
시도를 했지만, 결국 문제를 해결하지 못했지요.

이 문제는 '원의 구적 문제'라고 불리는 문제로, 고대 그리스 시절부터 수
학자들이 씨름했던 난제였습니다. 19세기에 와서야 독일 수학자 페르디
난트 폰 린데만이 원과 넓이가 같은 정사각형을 작도할 수 없다는 사실
을 밝힙니다. 원의 넓이를 구할 때 필요한 원주율이 길이를 정확하게 나
타낼 수 없는 무리수이기 때문이지요.

3부

삼각형, 넓이 계산의 도우미

도형의 넓이를 구하는 것은 도형을 어떻게 사각형 모양으로 바꿀 것인지와 관련되어 있다고 했습니다. 하지만 모든 도형을 사각형 모양으로 바꾸는 것은 쉬운 일이 아니지요.

그래서 도형의 넓이를 구할 때 삼각형의 넓이 구하는 방법을 많이 활용한답니다. 모든 다각형은 삼각형 조각들로 나눌 수 있기 때문이에요. 삼각형의 종류와 삼각형의 넓이를 구하는 다양한 공식들을 살펴볼까요?

여러 가지 삼각형

삼각형(三角形)은 3개(三)의 각(角)이 있는 모양(形)이라는 의미입니다. 영어로도 3개의(tri) 각(angle)을 가진 도형이라는 뜻의 트라이앵글(triangle)이라고 합니다.

삼각형에서 기준이 되는 변을 밑변, 밑변과 마주 보는 꼭짓점을 수직으로 연결한 선을 높이라고 하지요. 영어에서는 밑변을 베이스(base)라고 합니다. 베이스에는 '기준'이라는 뜻이 있습니다. 즉, 높이를 정할 때 기준이 되는 변이라는 의미입니다. 삼각형의 어느 변이라도 밑변이 될 수 있습니다.

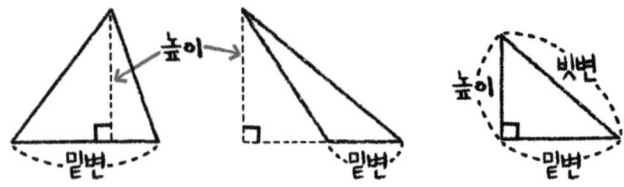

삼각형은 사각형과 함께 아주 먼 옛날부터 생활 속에서 쉽게 찾아볼 수 있고, 또 다양한 측면에서 활용되는 도형이었답니다. 여러 가지 삼각형의 모양과 성질, 넓이 구하는 방법 등을 이해하는 것은 건축물이나 생활 속 물건을 만들 때 꼭 필요한 일이었지요. 그래서 사람들은 아주 오래전부터 삼각형을 연구해 왔어요.

고대 그리스 학자들은 삼각형을 변의 길이와 각의 크기라는 2가지 기준에 따라 분류했습니다. 지금 우리가 사용하는 삼각형의 분류와 정의 또한 고대 그리스 철학자 유클리드가 쓴 『원론』에서 약속된 것을 바탕으로 한답니다.

그럼 삼각형을 분류해 봅시다. 우선 변의 길이에 따라 분류해 볼까요? **세 변의 길이가 모두 같은 삼각형은 정삼각형, 두**

변의 길이가 같은 삼각형은 이등변삼각형, 세 변의 길이가 모두 다른 삼각형을 부등변 삼각형이라고 합니다.

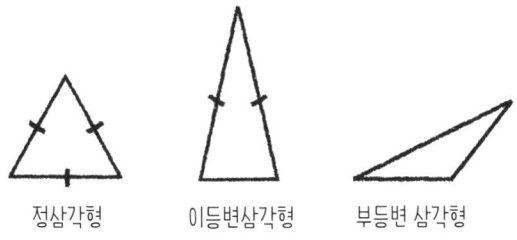

정삼각형   이등변삼각형   부등변 삼각형

정삼각형은 세 변의 길이뿐 아니라 세 각의 크기도 모두 같다는 특징이 있습니다. 정삼각형은 정사각형과 마찬가지로 삼각형 앞에 '바르다'라는 뜻의 한자 정(正)을 붙입니다. 길이가 같은 변이 없는 부등변 삼각형은 정삼각형, 이등변삼각형 이외의 삼각형을 지칭하기 위해 약속되었어요.

이번에는 각의 크기에 따라 삼각형을 분류해 볼까요? 삼각형의 세 내각 중 한 각이 직각(90°)인 삼각형을 직각삼각형이라고 합니다. 한 각이 90°보다 크고 180°보다 작은 삼각형을 둔각삼각형이라고 합니다. 그리고 세 각이 모두 0°보다 크고 90°보다

작은 삼각형을 예각삼각형이라고 합니다.

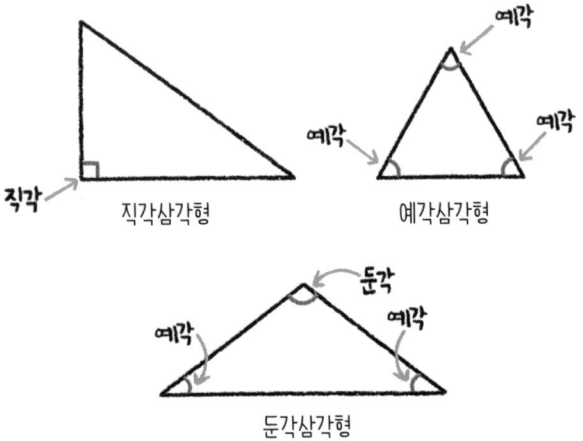

앞에서 변의 길이로 분류했을 때 세 변의 길이가 같은 정삼각형은 세 각의 크기가 모두 90°보다 작기 때문에 예각삼각형이라 할 수 있습니다.

삼각형의 넓이 공식

여러 가지 삼각형에 대해 알아보았으니 삼각형의 넓이를 구하는 방법을 살펴볼까요? 넓이의 기준 단위는 정사각형입니다. 그래서 앞서 평행사변형, 사다리꼴 등의 넓이를 구할 때 직사각형으로 형태를 변형시켜 넓이를 구했습니다. 원의 넓이를 구할 때도 마찬가지로 직사각형으로 형태를 변형시켰지요.

삼각형의 넓이도 이와 같아요. 다만 이제는 꼭 직사각형이나 정사각형으로만 바꿀 필요는 없습니다. 우리는 평행사변형, 사다리꼴, 마름모의 넓이 구하는 방법도 알고 있으니까요. **삼각형의 모양을 변형시켜 우리가 알고 있는 사각형 중 하나로 만들 수만 있다면 넓이를 쉽게 구할 수 있지요.**

1. 직각삼각형의 넓이 구하기

직각삼각형의 넓이를 구하려면 직각삼각형을 사각형 모양으로 바꾸어야 합니다. 다음 그림처럼 같은 모양의 직각삼각형 2개를 이어 붙여 봅시다. 이때, 직각삼각형ㄱㄴㄷ에서 직각을 제외한 두 각을 ♥와 ★로 표시해 볼까요? 직각삼각형ㄱㄴㄷ과 크기와 모양이 같은 직각삼각형을 점선으로 표시해 붙여 봅시다.

이때, 직각삼각형의 각♥와 각★의 위치는 그림과 같이 나타낼 수 있습니다.

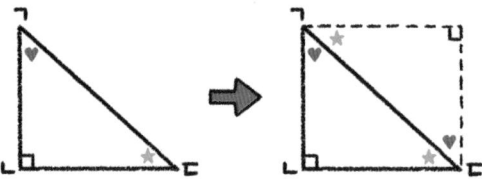

모든 삼각형의 내각의 합은 180°입니다. 따라서 직각삼각형ㄱㄴㄷ의 내각의 크기의 합 역시 180°가 됩니다. 이를 식으로 나타내면 다음과 같지요.

$$90° + ♥ + ★ = 180°$$
$$♥ + ★ = 90°$$

이 식을 통해 각♥와 각★을 더하면 90가 된다는 것을 알 수 있습니다. 다시 말해 직각삼각형 2개를 이어 붙인 사각형의 모든 각이 90° 즉, 직각이므로 이 사각형은 직사각형이 되는 것이지요.

직사각형의 넓이는 가로의 길이와 세로의 길이를 곱해 구할 수 있습니다. 직사각형 가로의 길이는 직각삼각형 ㄱㄴㄷ의 밑변의 길이와 같고 세로의 길이는 직각삼각형 ㄱㄴㄷ의 높이와 같습니다.

직사각형은 직각삼각형 ㄱㄴㄷ을 2개 이어 붙인 모양이므로 직각삼각형 ㄱㄴㄷ의 넓이는 직사각형 넓이를 2로 나누어 구할 수 있습니다. 따라서 직각삼각형의 넓이 공식은 다음과 같습니다.

직각삼각형의 넓이 = 밑변의 길이 × 높이 ÷ 2

2. 둔각삼각형의 넓이 구하기

삼각형의 세 내각 중 한 각이 둔각, 즉 90°보다 크고 180°보다 작은 경우를 둔각삼각형이라고 했습니다. 둔각삼각형의 넓이를 구하기 위해 둔각삼각형 2개를 이어 붙여 봅시다. 이때, 둔각삼각형의 세 각을 각각 ♥, ★, ▧로 표시하겠습니다.

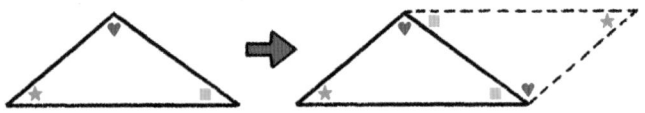

둔각삼각형 2개를 이어 붙인 사각형을 살펴보면 두 쌍의 대변의 길이가 각각 같다는 걸 알 수 있습니다. 또 마주 보는 두 각의 크기가 각각 ★과 ♥+▧로 같은 것을 알 수 있습니다. 따라서 이 사각형은 평행사변형입니다.

평행사변형의 넓이는 가로의 길이에 높이를 곱해 구할 수 있습니다. 평행사변형 가로의 길이는 둔각삼각형의 밑변의 길이와 같고, 평행사변형의 높이는 둔각삼각형의 높이와 같습니다. 따라서 평행사변형의 넓이는 둔각삼각형의 밑변의 길이와 높이를 곱해 구할 수 있습니다. 이때 둔각삼각형의 넓이는 평행사변형 넓이를 이등분한 것입니다. 따라서 둔각삼각형의 넓이 구하는 공식은 다음과 같습니다.

둔각삼각형의 넓이 = 밑변의 길이 × 높이 ÷ 2

3. 예각삼각형의 넓이 구하기

이번에는 예각삼각형의 넓이를 구해 볼까요? 삼각형의 세 내각이 모두 예각, 즉 0°보다 크고 90°보다 작은 삼각형을 예각삼각형이라고 했습니다. 예각삼각형 2개를 이어 붙이면 둔각삼각형의 경우처럼 평행사변형이 되는 것을 확인할 수 있습니다.

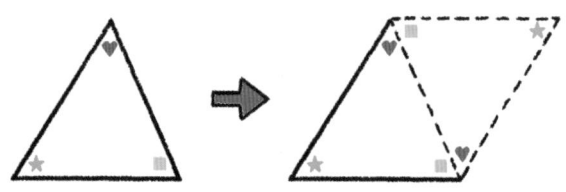

따라서 예각삼각형의 넓이 역시 다음 공식으로 계산할 수 있지요.

예각삼각형의 넓이 = 밑변의 길이 × 높이 ÷ 2

지금까지 알아본 삼각형의 넓이 공식을 모두 살펴볼까요?

직각삼각형의 넓이 = 밑변의 길이 × 높이 ÷ 2
둔각삼각형의 넓이 = 밑변의 길이 × 높이 ÷ 2
예각삼각형의 넓이 = 밑변의 길이 × 높이 ÷ 2

즉, 모든 삼각형의 넓이를 구하는 공식을 다음과 같이 정리할 수 있습니다.

삼각형의 넓이 = 밑변의 길이 × 높이 ÷ 2

삼각형과 평행사변형의 관계

크기와 모양이 같은 삼각형 2개를 한 변이 맞닿게 이어 붙인 모양은 모두 평행사변형입니다. 앞에서 평행사변형의 넓이는 '가로의 길이×높이'로 구할 수 있다고 했지요. 이러한 사실을 이용해 다음과 같이 밑변과 높이가 서로 같은 여러 가지 삼각형의 넓이는 같다는 점을 확인할 수 있습니다. 따라서 밑변의 길이와 높이가 같을 때, 넓이가 같은 삼각형은 무수히 많습니다.

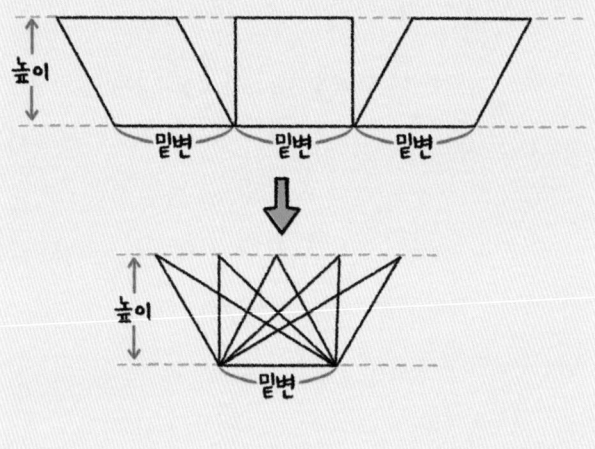

3
피타고라스 정리와 삼각형의 넓이

삼각형을 이야기하면서 빼놓을 수 없는 것이 바로 피타고라스의 정리입니다. 고대 그리스 철학자 피타고라스의 이름을 딴 **피타고라스의 정리는 세상의 모든 직각삼각형은 그 크기와 모양에 상관없이 세 변 길이 사이에 특별한 관계가 있다는 점을 설명합니다.** 피타고라스의 정리에 따르면 직각삼각형에서 빗변의 길이를 a, 밑변을 b, 높이를 c라고 했을 때 세 변 사이의 관계를 식으로 나타내면 다음과 같습니다.

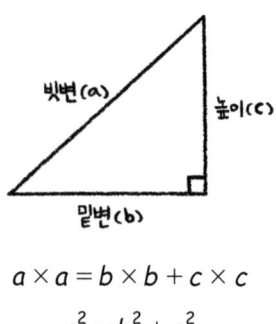

$$a \times a = b \times b + c \times c$$
$$a^2 = b^2 + c^2$$

$a \times a$처럼 같은 수를 2번 곱하는 것을 제곱한다고 하는데 이런 경우에 a^2으로 나타냅니다.

수학의 가장 큰 특징은 하나의 공식으로 하나의 문제만을 푸는 것이 아니라 여러 가지 개념들을 연결하여 다양하게 문제를 풀 수 있다는 점입니다. 삼각형의 넓이는 밑변의 길이와 높이를 활용해 구할 수 있지만, 피타고라스의 정리를 이용하면 이 두 길이를 알지 못해도 넓이를 구할 수 있답니다.

1. 정삼각형의 넓이

정삼각형의 넓이를 구하는 방법을 생각해 봅시다. 한 변의 길이가 4인 정삼각형이 있습니다. 삼각형의 내각의 합은 180°인데, 정삼각형은 세 내각의 크기가 모두 같습니다. 따라서 정삼각형의 한 내각의 크기는 60°가 되지요.

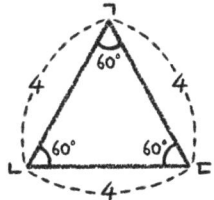

앞서 우리는 삼각형 넓이의 공식을 '밑변의 길이 × 높이 ÷ 2'라고 배웠습니다. 정삼각형은 세 변의 길이가 같으므로 어떤 변을 밑변으로 해도 그 길이가 같습니다. 밑변의 길이는 4입니다.

이제 정삼각형의 높이를 알아야 합니다. 이때 피타고라스의 정리를 활용할 수 있습니다. 우선, 나음 그림과 갇이 한 내각을 똑같이 둘로 나누고 마주 보는 변에 닿는 선분을 하나 그립니다. 60°를 반으로 나누면 30°가 됩니다.

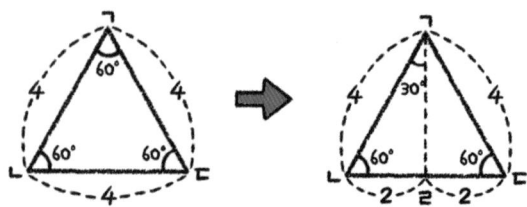

이제 선분ㄱㄹ을 높이로 하는 2개의 삼각형을 살펴봅시다. 삼각형 내각의 합은 180°이고 다른 두 각의 합이 90°이므로 삼각형ㄱㄴㄹ에서 각ㄴㄹㄱ의 크기는 90°입니다.

$$\angle \text{ㄴㄹㄱ}$$
$$= \text{삼각형 내각의 합} - \angle \text{ㄴㄱㄹ} - \angle \text{ㄹㄴㄱ}$$
$$= 180° - 30° - 60°$$
$$= 90°$$

각ㄱㄹㄷ 역시 90°가 되겠지요? 따라서 삼각형ㄱㄴㄹ과 삼각형ㄱㄷㄹ은 직각삼각형입니다. 이때 직각삼각형 밑변의 길이는 정삼각형의 한 변의 길이의 $\frac{1}{2}$이 됩니다. 정삼각형의 한 변의 길이가 4이므로 직각삼각형의 밑변의 길이는 2입니다.

한편, 모든 변의 길이와 각의 크기가 같기 때문에 삼각형 ㄱㄴㄹ과 삼각형 ㄱㄷㄹ의 넓이는 같습니다. 직각삼각형의 변 ㄱㄹ은 직각삼각형의 높이이자 정삼각형의 높이이기도 합니다.

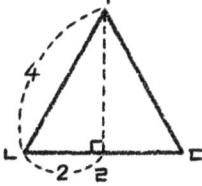

이제 높이를 구해 봅시다. 직각삼각형의 세 변의 길이의 비를 나타내는 피타고라스의 정리를 활용하도록 합니다. 직각삼각형 ㄱㄴㄹ의 빗변을 4, 밑변을 2라고 할 때, 직각삼각형 ㄱㄴㄹ의 높이를 계산하면 다음과 같습니다.

$$\text{빗변}^2 = \text{밑변}^2 + \text{높이}^2$$
$$4^2 = 2^2 + \text{높이}^2$$

우리가 알고 싶은 것은 높이이니, 식을 다음과 같이 정리해 봅니다.

$$4^2 - 2^2 = 높이^2$$

앞서 $a \times a$처럼 a를 제곱하는 경우에 a^2으로 나타낸다고 했지요? 그렇다면 이 식은 다음과 같이 나타낼 수 있습니다.

$$(4 \times 4) - (2 \times 2) = 높이^2$$
$$16 - 4 = 높이^2$$
$$12 = 높이^2$$

제곱을 하여 어떤 수가 되었을 때 원래의 수를 제곱근이라고 하고, 기호 $\sqrt{}$ (루트)를 이용해 나타냅니다. 따라서 높이는 다음과 같습니다.

$$\sqrt{12} = 높이$$

이처럼 피타고라스의 정리를 이용하면 정삼각형 한 변의 길이만 알고 있어도 높이를 알 수 있습니다. 피타고라스의 정리를 이용해, 한 변의 길이가 a인 임의의 정삼각형ㄱㄴㄷ의 넓이를 구하는 공식을 정리해 봅시다.

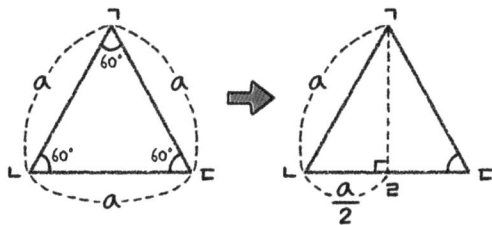

직각삼각형ㄱㄴㄹ의 빗변을 a, 밑변을 $\frac{a}{2}$라고 할 때, 직각삼각형ㄱㄴㄹ의 높이를 피타고라스의 정리에 의해 계산해 보면 다음과 같습니다.

$$a^2 = \left(\frac{a}{2}\right)^2 + 높이^2$$

이를 계산해 봅시다. 높이를 중심으로 식을 정리하면 다음과 같습니다.

$$a^2 - \left(\frac{a}{2}\right)^2 = \text{높이}^2$$

① $\left(\dfrac{a}{2}\right)^2$은 $\dfrac{a^2}{2^2}$과 같습니다.

$$a^2 - \frac{a^2}{2^2} = \text{높이}^2$$

② $2^2 = 2 \times 2$, 즉 4입니다.

따라서 좌변을 4로 통분합니다.

$$\frac{4a^2}{4} - \frac{a^2}{4} = \text{높이}^2$$
$$\frac{3a^2}{4} = \text{높이}^2$$

③ 4를 다시 2^2으로 바꾸어 생각해 봅시다.

$$\frac{3a^2}{2^2} = \text{높이}^2$$

③ 양변에 제곱근($\sqrt{}$)을 취합니다.

$$\frac{\sqrt{3}}{2}a = \text{높이}$$

직각삼각형 ㄱㄴㄹ의 높이는 $\dfrac{\sqrt{3}}{2}a$임을 알 수 있습니다.

삼각형의 넓이 구하는 공식은 밑변의 길이 × 높이 ÷ 2입니다. 따라서 한 변의 길이가 a인 정삼각형의 넓이는 다음과 같습니다.

$$a \times \frac{\sqrt{3}}{2}a \times \frac{1}{2} = \frac{\sqrt{3}a^2}{4}$$

한 변의 길이가 a인 정삼각형의 넓이를 구하는 공식은 $\frac{\sqrt{3}a^2}{4}$ 입니다.

2. 이등변삼각형과 부등변 삼각형

이번에는 이등변삼각형 또는 부등변 삼각형의 높이와 넓이를 구하는 방법을 알아봅시다. 이등변삼각형과 부등변 삼각형의 넓이를 구하는 법은 같으므로 부등변 삼각형을 중심으로 설명하겠습니다. 이 또한 피타고라스의 정리를 이용하면 됩니다.

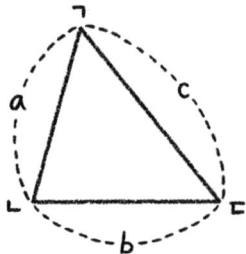

임의의 삼각형ㄱㄴㄷ의 변의 길이를 각각 a, b, c라고 합시다. 꼭짓점ㄱ에서 마주 보는 변ㄴㄷ에 수직으로 닿는 선분을 그려 직각삼각형을 만들어 봅시다. 이 선분과 변ㄴㄷ이 닿는 점을 점ㄹ이라고 하면 삼각형ㄱㄴㄷ은 직각삼각형 ㄱㄴㄹ과 직각삼각형 ㄱㄹㄷ으로 나누어 생각할 수 있습니다.

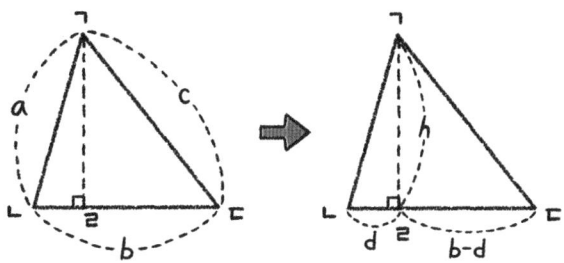

이때 직각삼각형 ㄱㄴㄹ과 직각삼각형 ㄱㄹㄷ의 높이를 h라고 해 봅시다. 또 직각삼각형 ㄱㄴㄹ의 밑변의 길이를 d라고 했을 때, 직각삼각형 ㄱㄹㄷ의 밑변의 길이는 $b - d$ 라고 할 수 있습니다. 변ㄴㄷ의 길이가 b니까요.

자, 이제 피타고라스의 정리를 이용해 직각삼각형 ㄱㄴ ㄹ의 높이를 구해 봅시다. 피타고라스의 정리에 각 변의 길이를 나타내는 알파벳 기호를 넣어 정리하면 다음과 같습니다.

$$a^2 = d^2 + h^2$$

높이인 h를 구할 수 있도록 식을 정리합니다.

$$a^2 - d^2 = h^2$$
$$\sqrt{a^2 - d^2} = h$$

같은 방법으로 직각삼각형 ㄱㄹㄷ의 높이를 계산해 봅시다.

$$c^2 = (b - d)^2 + h^2$$
$$c^2 - (b - d)^2 = h^2$$
$$\sqrt{c^2 - (b - d)^2} = h$$

따라서 세 변의 길이가 a, b, c인 삼각형의 높이는 $\sqrt{a^2 - d^2}$ 또는 $\sqrt{c^2 - (b - d)^2}$입니다. 삼각형의 넓이는 구한 높이에 밑변의 길이를 곱한 후 2로 나누어 계산할 수 있습니다.

세 변의 길이가 a, b, c인 삼각형의 넓이

$$\sqrt{a^2 - d^2} \times b \div 2$$

또는

$$\sqrt{c^2 - (b - d)^2} \times b \div 2$$

그런데 공식이 너무 복잡하다고요? 공식은 문제를 빠르고 쉽게 풀기 위해 기억해 두는 것인데 공식 자체가 기억하기 어렵다면 굳이 외울 필요는 없답니다. 다만, 피타고라스의 정리를 이용해 삼각형의 넓이를 구할 수 있다는 것은 꼭 기억하도록 합니다.

삼각비와 넓이 구하기

지금까지는 삼각형의 세 변의 길이를 안다는 조건에서 피타고라스의 정리를 활용해 삼각형의 넓이 구하는 방법을 알아보았습니다. 그런데 언제나 삼각형 세 변의 길이를 알 수 있다는 보장은 없습니다. 만일 세 변의 길이 대신, 한 변 혹은 두 변의 길이만 알아도 삼각형의 넓이를 구할 수 있을까요? 삼각형의 내각의 크기를 알고 있다면 가능합니다. 두 변의 길이와 한 내각의 크기를 알면 삼각비를 활용할 수 있거든요. 삼각비가 무엇인지부터 살펴봅시다.

1. 삼각비

크기는 다르지만 모양이 같은 도형을 '닮음'이라고 합니다. 닮음을 기호로 나타낼 때에는 '비슷하다'라는 뜻의 영어 단어 시밀러리티(similarity)의 첫 글자 S를 옆으로 눕힌 기호 ∽를 사용합니다.

다음 그림처럼 어떤 도형을 일정한 비율로 확대하거나 축소한 도형은 처음 도형과 닮음입니다. 닮음인 삼각형은 변의 길이는 일정한 비율로 변하지만 세 각의 크기는 각각 서로 같습니다.

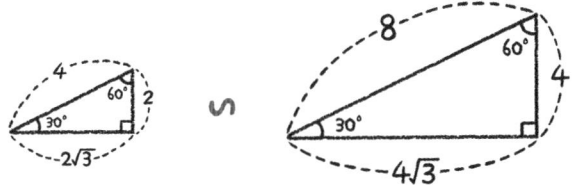

따라서 서로 닮은 직각삼각형의 변의 길이의 비는 서로 같습니다.

비교하는 양과 기준량

비(比)는 수나 양을 비교해 나타내는 방법입니다. 두 수를 비교할 때 기호 : 를 이용하여 두 수가 서로 몇 배가 되는지를 표시하는 방법을 '비(比)'라고 합니다. 이때 : 앞에 적는 수를 비교하는 양, : 뒤에 적는 수를 기준량이라고 합니다. 비를 분수로 나타낸 것을 비율(比率)이라고 합니다.

$$비 \rightarrow 비교하는\ 양 : 기준량$$

$$비율 \rightarrow 비교하는\ 양 \div 기준량 = \frac{비교하는\ 양}{기준량}$$

삼각비는 직각삼각형의 변의 길이의 비를 의미합니다. 직각삼각형의 세 내각의 크기가 일정하면, 직각삼각형의 크기와 상관없이 삼각비는 일정합니다.

다음과 같이 각의 크기가 같은 두 직각삼각형이 있습니다.

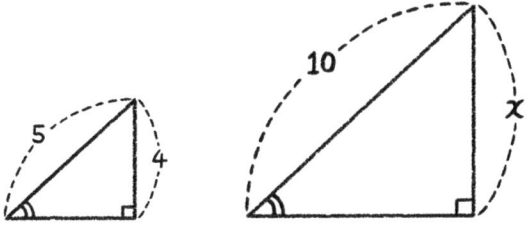

두 직각삼각형은 닮음 관계이므로 변의 비가 일정합니다. 이를 활용해 오른쪽 직각삼각형의 높이 x의 값을 알 수 있습니다.

두 직각삼각형에서 빗변과 높이의 비, 높이：빗변을 비율로 나타낸 값 $\frac{높이}{빗변}$는 서로 같습니다. 첫 번째 직각삼각형의 $\frac{높이}{빗변}$가 $\frac{4}{5}$이므로, 두 번째 직각삼각형의 $\frac{높이}{빗변}$ 역시 $\frac{4}{5}$가 되겠지요. 따라서 두 번째 직각삼각형의 높이는 다음과 같이 구할 수 있습니다.

$$\frac{4}{5} = \frac{x}{10}$$
$$8 = x$$

직각삼각형에서 각의 크기가 같을 때 세 변 사이의 비는 $\dfrac{높이}{빗변}$, $\dfrac{밑변}{빗변}$, $\dfrac{높이}{밑변}$ 이렇게 3가지로 나타낼 수 있습니다. 이를 각각 사인(sine), 코사인(cosine), 탄젠트(tangent)라고 합니다. 직각삼각형에서 직각이 아닌 한 각 θ(theta, 세타)를 중심으로 3개의 삼각비 $\dfrac{높이}{빗변}$, $\dfrac{밑변}{빗변}$, $\dfrac{높이}{밑변}$를 기호로 $\sin\theta, \cos\theta, \tan\theta$로 약속합니다.

$$\sin\theta = \frac{높이}{빗변} = \frac{c}{a}$$

$$\cos\theta = \frac{밑변}{빗변} = \frac{b}{a}$$

$$\tan\theta = \frac{높이}{밑변} = \frac{c}{b}$$

직각삼각형에서 직각을 제외한 한 각에 대해 사인, 코사인, 탄젠트를 미리 계산하여 정리한 표를 삼각비의 표라고 합니다. 삼각비의 표를 활용하면 매번 계산하지 않아도 삼각비의 값을 쉽게 구할 수 있지요. 예를 들어, 삼각비표에는 $\tan45°$는 1이라고 나와 있습니다. 이를 참고하면 다음과 같은 직각삼각형에서 tan45°, 즉 $\dfrac{높이}{밑변}$가 1이므로 높이는 3이라는 것을 알 수 있습니다.

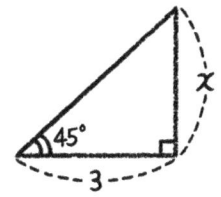

$$\tan 45° = \frac{높이}{밑변} = \frac{x}{3} = 1$$
$$x = 3$$

삼각비의 표

삼각비의 표는 0°에서 90°까지, 1° 단위로 삼각비의 값을 정리한 표입니다. 삼각비의 표를 읽을 때에는 사인, 코사인, 탄젠트 중 찾고 싶은 삼각비를 먼저 정하고, 찾고 싶은 각을 찾아 가로줄과 세로줄이 만나는 곳의 수를 읽습니다. 예를 들어 tan45°는 1이 됩니다.

각(θ)	사인($\sin\theta$)	코사인($\cos\theta$)	탄젠트($\tan\theta$)
0	0.0000	1.0000	0.0000
1	0.0175	0.9998	0.0175
2	0.0349	0.9994	0.0349
⋮			
30	0.5000	0.8660	0.5774
31	0.5150	0.8572	0.6009
32	0.5299	0.8480	0.6249
⋮			
42	0.6691	0.7431	0.9004
43	0.6820	0.7314	0.9325
44	0.6947	0.7193	0.9657
45	0.7071	0.7071	1.0000

2. 삼각비를 활용해 넓이 구하기

자, 이제 두 변의 길이와 한 내각의 크기를 알고 있을 때, 삼각비를 활용해 삼각형의 넓이를 구하는 법을 살펴봅시다.

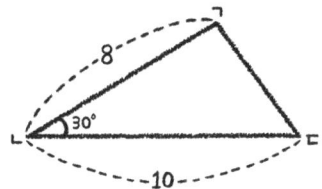

삼각형 ㄱㄴㄷ의 넓이를 구하기 위해서는 높이를 알아야겠지요? 꼭짓점 ㄱ에서 변 ㄴㄷ에 수직으로 닿는 선분을 그려 높이를 표시합니다. 이때 선분과 변 ㄴㄷ이 만나는 점을 점 ㄹ이라고 합시다.

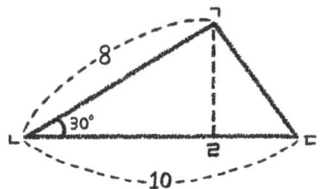

높이를 나타내는 선분을 그리고 나니 삼각형 ㄱㄴㄹ이 직각삼각형이 됩니다. 앞에서 우리는 피타고라스의 정리를 이용해 직각삼각형의 높이를 구하는 방법을 알아보았습니다. 그런데 직각삼각형 ㄱㄴㄹ에서 높이에 해당하는 변 ㄱㄹ의 길이는 피타고라스의 정리로 구할 수가 없네요. 피타고라스의 정리는 직각삼각형에서 두 변의 길이를 알 때 나머지 한 변의 길이를 구하기 위해 사용할 수 있는데 우리는 변 ㄴㄹ의 길이를 알지 못하니까요.

하지만 직각삼각형 ㄱㄴㄹ에서 변 ㄱㄴ의 길이와 한 각의 크기를 알고 있습니다. 따라서 삼각비를 이용할 수 있습니다. 직각삼각형 ㄱㄴㄹ에서 빗변의 길이를 알고, 높이를 알지 못하므로 빗변과 높이의 비율, 즉 $\frac{높이}{빗변}$를 나타내는 사인 값을 이용합시다.

직각삼각형 ㄱㄴㄹ에서 $\sin 30°$, 즉 $\frac{높이}{빗변}$는 $\frac{높이}{8}$입니다. 이를 식으로 나타내면 다음과 같습니다.

$$\sin 30° = \frac{높이}{8}$$

양변에 8을 곱하면 바로 높이를 구할 수 있습니다.

$$\sin 30° \times 8 = 높이$$

이때 130쪽의 삼각비표를 참고하면 $\sin 30°$는 0.5, 즉 $\frac{1}{2}$입니다. 따라서 높이는 4입니다.

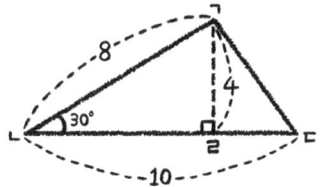

이때, 밑변의 길이가 10이므로 삼각형의 넓이는 다음과 같이 구할 수 있습니다.

$$밑변 \times 높이 \div 2$$
$$= 10 \times 4 \times \frac{1}{2}$$
$$= 20$$

삼각형 ㄱㄴㄷ의 넓이는 20입니다.

이처럼 삼각비를 이용하면 삼각형의 두 변의 길이와 그 사잇각의 크기를 알 때 넓이를 구할 수 있습니다. 이를 공식으로 정리해 보면 다음과 같습니다. 임의의 삼각형에서 한 변의 길이가 a, 다른 한 변의 길이가 b, 그 사잇각의 크기를 $x°$라 할 때 삼각형의 높이가 $a \times \sin x°$이므로 넓이는 $\frac{1}{2}ab\sin x°$로 구할 수 있습니다.

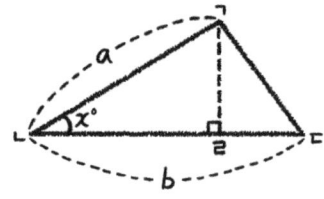

삼각형의 넓이

$= 밑변 \times 높이 \div 2$

$= b \times a \times \sin x° \times \frac{1}{2}$

$= \frac{1}{2}ab\sin x°$

그런데 삼각비는 0°~90° 사이에서만 존재합니다. 직각삼각형은 반드시 한 각이 직각이고, 삼각형의 내각의 합은 180°이므로 다른 두 각의 크기는 0°보다는 크고 90°보다는 작아야 하기 때문입니다.

그렇다면 한 각의 크기가 90°보다 큰 둔각삼각형에서 우리가 알고 있는 각의 크기가 둔각이라면 삼각형의 넓이를 어떻게 구할까요?

다음 둔각삼각형 ㄱㄴㄷ의 넓이를 구해 봅시다. 이때 알고 있는 두 변의 길이를 각각 6, 알고 있는 둔각의 크기를 120°라고 합시다.

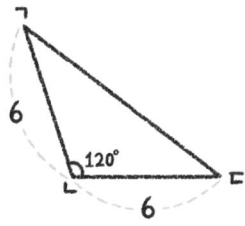

둔각삼각형의 넓이를 구하기 위해서는 우선 높이를 알아내야겠지요? 꼭짓점 ㄱ에서 변 ㄴㄷ을 연장한 선에 수직

으로 닿는 선분을 그려 봅시다. 이 선분은 삼각형 ㄱㄴ
ㄷ의 높이를 나타냅니다. 이때, 선분과 변ㄴㄷ을 연장한
선이 맞닿는 점을 점ㄹ이라고 합시다.

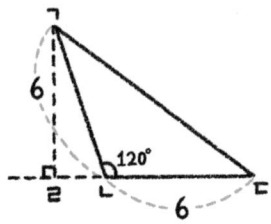

삼각형 ㄱㄴㄷ의 높이를 표시해 보니 직각삼각형 ㄱㄹ
ㄴ이 나타납니다. 직각삼각형 ㄱㄹㄴ의 높이는 삼각형 ㄱ
ㄴㄷ의 높이와 같습니다. 직각삼각형 ㄱㄹㄴ에서 우리는
빗변의 길이가 6임을 알고 있습니다. 삼각비를 이용하기
위해서는 직각삼각형에서 직각이 아닌 두 각 중 한 각의
크기를 알아야겠지요? 각ㄱㄴㄹ은 180°에서 120°를 뺀
값, 즉 60°입니다. 따라서 직각삼각형 ㄱㄹㄴ의 높이를 나
타내는 변ㄱㄹ은 사인 값을 활용해 다음과 같이 나타낼
수 있습니다.

$$\sin 60° = \frac{높이}{6}$$

이때 삼각비의 표에서 $\sin 60°$를 찾아보면 $\frac{\sqrt{3}}{2}$입니다. 따라서 다음과 같이 계산할 수 있습니다.

$$\frac{\sqrt{3}}{2} = \frac{높이}{6}$$
$$3\sqrt{3} = 높이$$

따라서 둔각삼각형 ㄱㄴㄷ의 넓이는 삼각형의 넓이 공식에 따라 다음과 같이 정리해 볼 수 있습니다.

$$밑변 \times 높이 \div 2$$
$$= 6 \times 3\sqrt{3} \times \frac{1}{2}$$
$$= 9\sqrt{3}$$

따라서 둔각삼각형 ㄱㄴㄷ의 넓이는 $9\sqrt{3}$입니다.

이처럼 둔각삼각형 역시 두 변의 길이와 그 사잇각의 크기를 안다면 삼각비를 이용해 넓이를 구할 수 있습니다.

즉, 임의의 삼각형에서 한 변의 길이가 a, 다른 한 변의 길이가 b, 그 사잇각의 크기를 $x°$라 할 때 둔각삼각형의 높이가 $a \times \sin(180° - x°)$ 이므로 넓이는 $\frac{1}{2}ab\sin(180° - x°)$로 구할 수 있습니다.

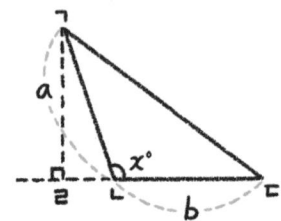

삼각형의 넓이

$$= 밑변 \times 높이 \div 2$$

$$= b \times a \times \sin(180° - x°) \times \frac{1}{2}$$

$$= ab\sin(180° - x°) \times \frac{1}{2}$$

3. 사각형의 넓이

앞에서 우리는 사각형의 넓이 구하는 공식을 알아보았습니다. 그런데 공식을 사용할 수 없는 경우도 있습니다. 예를 들어, 다음의 평행사변형을 살펴볼까요? 평행사변형의 넓이를 구하는 공식은 '가로의 길이 × 높이'입니다. 그런데 다음과 같이 가로의 길이는 알지만 높이는 모르는 경우가 있습니다.

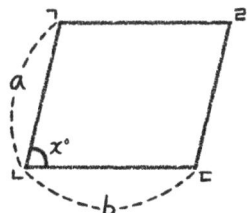

이때에는 사각형에서 직각삼각형을 찾아 높이를 구하면 됩니다. 앞에서 살펴본 것처럼 삼각비를 이용하면 모르는 변의 길이를 찾을 수 있습니다. 우리는 평행사변형의 밑변의 길이와 높이 대신 두 변의 길이와 그 사잇각의 크기를 알고 있습니다. 꼭짓점ㄱ에서 변ㄴㄷ에 수직으로 닿는 선분을 그리고, 변ㄴㄷ에 닿는 점을 점ㅁ이라고 해 봅시다. 선분에 의해 만들어지는 삼각형ㄱㄴㅁ은 직각삼각형입니다.

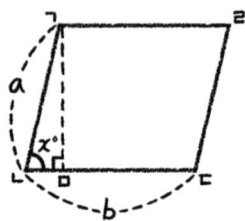

자, 이제 직각삼각형ㄱㄴㅁ의 높이를 구할 수 있습니다. 직각삼각형ㄱㄴㅁ에서 한 변의 길이 a와 직각이 아닌 각의 크기 $x°$를 알고 있으므로 삼각비를 이용할 수 있으니까요.

직각삼각형ㄱㄴㅁ에서 $\sin x°$, 즉 $\dfrac{높이}{빗변}$는 $\dfrac{높이}{a}$입니다. 이를 식으로 나타내면 다음과 같습니다.

$$\sin x° = \frac{높이}{a}$$

따라서 높이는 $a \times \sin x°$로 구할 수 있습니다. 평행사변형의 넓이는 가로의 길이에 높이를 곱한 값이므로 다음과 같습니다.

$$a \times \sin x° \times b$$
$$= ab \sin x°$$

 **삼각형의 넓이**

1. 삼각형은 변의 길이와 각의 크기에 따라 각각 다음과 같이 분류할 수 있습니다.

변의 길이에 따른 분류

  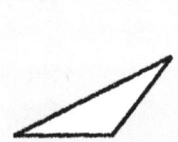

정삼각형   이등변삼각형   부등변 삼각형

각의 크기에 따른 분류

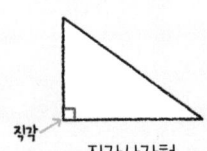  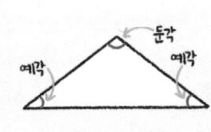

직각삼각형   예각삼각형   둔각삼각형

2. 삼각형의 넓이 구하는 공식은 다음과 같습니다.

$$삼각형의 넓이 = 밑변 \times 높이 \div 2$$

3. 직각삼각형에서 높이를 제외한 두 변의 길이를 알 경우 피타고라스의 정리를 활용해 높이를 구할 수 있습니다.

4. 직각삼각형에서 높이를 제외한 한 변의 길이와 직각을 제외한 한 각의 크기를 알 경우 삼각비를 활용해 높이를 구할 수 있습니다.

정사각형, 평행사변형, 직각삼각형 등 도형과 관련한 수학 용어는 한자로 이루어진 것이 많습니다. 이는 유클리드 수학을 기반으로 발전한 유럽 수학이 중국으로 전파되면서 한자로 표기되었고, 우리나라에서 그 용어들을 받아들여 사용했기 때문이에요. 일부 일본 학자들은 일제강점기 일본의 영향으로 유럽의 수학이 우리나라에 전파되었다고 하는데, 이는 사실이 아닙니다. 우리나라 학자들은 스스로 서양의 수학을 이해하고 이를 활용하기 위해 노력해 왔어요. 대표적인 수학자가 바로 이상설 박사입니다.

수학자 이상설은 '헤이그 특사'로도 잘 알려진 독립운동가입니다. 1905년 일본이 을사조약을 강제로 체결하고 조선의 외교권을 박탈하자 고종은 1907년 네덜란드 헤이그에서 열린 만국 평화 회의에 이상설, 이준, 이위종을 특사로 파견해 국제 사회에 도움을 요청하려고 했습니다. 그러나 일본의 방해로 뜻을 이루지는 못 하였지요.

이상설은 독립운동가였을 뿐 아니라 수학에도 조예가 깊어 다양한 수학책을 집필했습니다. 이상설이 십 대에 집필한 것으로 알려진 『수리』는 중국의 근대 수학책인 『수리정온』을 토대로 기존의 우리나라 수학책에서 다루지 않았던 다양한 수학 개념들을 소개하는 책입니다.

성균관 관장이기도 했던 이상설은 우리나라가 근대 국가가 되기 위해서는 수학과 과학 교육이 중요하다고 생각했어요. 이에 수학과 과학은 성균관에서 반드시 학습해야 할 과목이 되었답니다. 이상설은 1900년에는 예비 초등학교 선생님들을 위한 수학 교과서 『산술신서』를 집필했습니다. 이 책에는 아라비아 숫자부터 현재 고등학교에서 배우는 순열까지의 내용이 담겨 있습니다.

이상설은 1907년 서전서숙이라는 학교를 북간도에 설립하여 교육을 통해 국권을 회복하고자 노력합니다. 이 학교는 여러 애국지사의 도움으로 무료로 운영되었지요. 이상설은 수학, 과학 교육이 국가 발전과 독립의 기틀이 된다고 믿었어요.

헤이그 특사 파견이 실패한 후 이상설은 러시아 일대를 떠돌며 독립운동에 일생을 바쳤답니다. 독립운동가이자 우리나라 수학 체계의 기틀을 확립한 수학자 이상설을 기억하면 좋겠습니다.

4부

정적분,
쌓아 올려요

정적분은 고등학교 『수학Ⅱ』에서 배우는 내용입니다.

세상에는 정사각형도, 직각삼각형, 원도 아닌 모양들도 많습니다. 도형의 넓이 구하는 공식을 이용할 수 없을 때 사용하는 것이 적분입니다. 적분(積分)은 '나누어 쌓아 올린다'는 뜻을 가지고 있습니다. 적분은 다시 정적분과 부정적분으로 구분할 수 있는데, 넓이의 계산과 관련이 있는 것은 정적분이랍니다. 이 장에서는 정적분의 개념을 통해 넓이를 구하는 방법을 알아보도록 해요.

❶ 정적분

다음과 같은 호수의 넓이를 측정한다고 생각해 봅시다. 호수의 둘레 모양은 완벽한 원도 아니고 직사각형도 아닙니다.

비행기나 인공위성을 이용해 하늘 위에서 호수를 촬영하면 호수의 전체 모양을 알아낼 수 있습니다. 다음 그림과 같이 말이에요.

자, 이제 호수의 모양을 알아냈으니 호수의 폭을 측정해 볼까요? 호수의 폭을 측정하기 전에 우선 '축척'이라는 개념을 이해해야 합니다. 우리가 보고 있는 그림은 호수의 실제 크기가 아닙니다. 축소되어 그림으로 담긴 것이지요.

호수의 크기를 구하려면 실제 거리가 이미지에서 얼마만큼으로 나타나는지를 비율로 계산해 보아야 합니다. 예를 들어, 실제 줄자로 측정한 거리가 100cm인데, 하늘에서 촬영한 사진에서는 1cm로 보인다고 가정해 봅시다. 사진상에서의 거리가 3cm라면 실제 거리는 300cm가 될 것입니다. 이때, 사진에 1:100이라고 적어 놓는다면 사진상의 1cm가 실제로는 100cm에 해당한다는 것을 누구나 알 수 있습니다. **1:100과 같이 실제 거리를 지도상에 줄여 나타낸 비율을 축척이라고 합니다.** '줄이다'라는 의미의 한자 축(縮)과 방법을 의미하는 한자 척(尺)을 합쳐서 만든 단어로, 줄이는 방법, 즉 줄이는 비율을 의미합니다.

그림 속 호수의 크기를 자로 재어 보니 폭은 12cm, 높이는 8cm였다고 해 봅시다. 가로세로의 길이가 각각 12cm, 8cm인 직사각형의 넓이는 96cm^{2}이니 호수의 넓이는 96cm^{2}보다는 작다는 것을 알 수 있습니다.

1. 좌표평면의 활용

측정해야 할 길이가 많은데 매번 자를 이용해 길이를 재는 것도 번거로운 일입니다. 이때, 좌표평면을 이용하면 호수의 전체적인 크기를 좀 더 쉽게 눈으로 확인할 수 있어요. 수학에서 모눈종이 같은 격자 모양의 평면을 '좌표평면'이라고 합니다. 좌표평면은 직각으로 만나는 가로선과 세로선을 이용해 도형의 위치를 표시합니다. 이때, 가로선을 x축, 세로선을 y축이라고 합니다. 호수 사진을 그림과 같이 좌표평면 위에 올려놓는다면 일일이 자로 거리를 측정하지 않아도 칸의 개수를 세어 쉽게 길이를 파악할 수 있습니다.

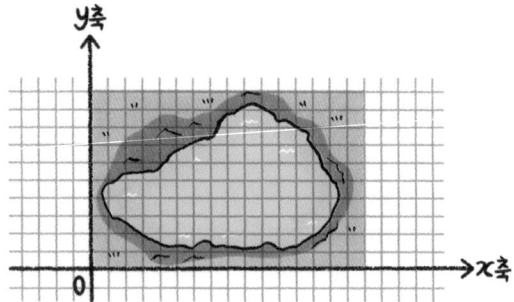

2. 좌표평면과 적분

축척과 좌표평면을 이용해 사진 속 호수의 폭과 높이를 알아낼 수 있어도 여전히 호수의 넓이를 구하는 데에는 어려움이 있습니다. 호수가 원, 타원, 직사각형 등 우리가 알고 있는 도형이 아니니까요. 호수의 모양과 같이 복잡하게 생긴 도형의 넓이를 좌표평면 위에서 어떻게 구하는지 알아보도록 해요.

우선 좌표평면 위에 호수의 외곽선을 본뜬 모양을 올려놓습니다.

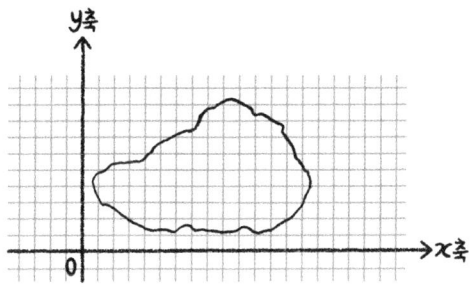

호수의 외곽선에서 가로로 가장 긴 폭을 나타내는 곳

에 점을 찍습니다. 호수의 외곽선은 두 점을 중심으로 빨간색 선과 파란색 선이 합쳐진 모양으로 생각할 수 있습니다.

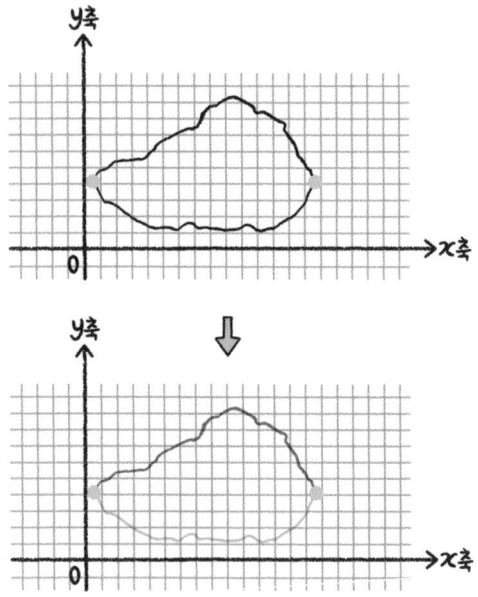

이제 빨간색 선의 양 끝에서 x축에 수직인 선을 그려 x축을 가로로 하는 도형을 만듭니다. 파란색 선도 같은 방

법으로 선의 양 끝에서 x축에 수직인 선을 그려 x축을 가로로 하는 도형을 만들어 봅시다. 호수의 넓이는 빨간색 선으로 이루어진 도형의 넓이에서 파란색 선으로 이루어진 도형의 넓이를 빼면 구할 수 있습니다.

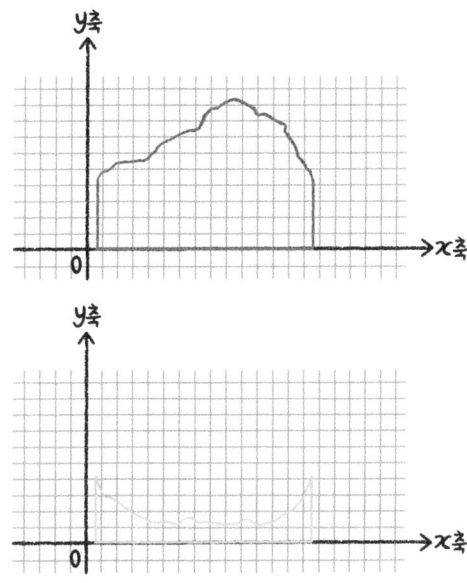

호수의 넓이 = 빨간색 선으로 표시된 도형의 넓이 −
파란색 선으로 표시된 도형의 넓이

빨간색 선으로 표시된 도형과 파란색 선으로 표시된 도형의 넓이를 구해 볼까요? 앞에서 우리는 넓이를 구하기 위해서는 도형을 직사각형 모양으로 바꾸어야 한다는 것을 확인했습니다. 따라서 빨간색 선으로 표시된 도형과

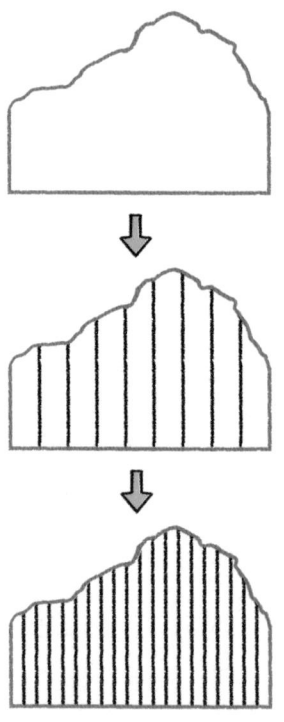

파란색 선으로 표시된 도형도 직사각형으로 바꾸어야 합니다. 이 두 도형을 직사각형으로 바꾸기 위해서 원의 넓이를 구할 때와 마찬가지로 도형을 무수히 작은 조각으로 잘라 봅니다.

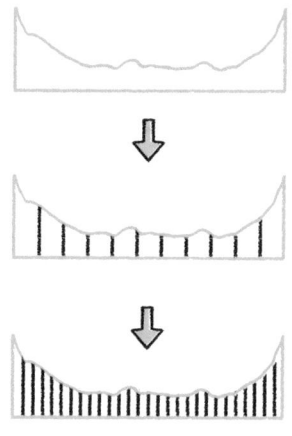

조각이 실보다 가늘어져 직사각형으로 보일 정도로 자른다고 상상해 볼까요? 도형의 넓이는 이 직사각형 조각의 합으로 구할 수 있습니다. 이와 같이 **좌표평면 위의 도형을 아주 작은 직사각형 조각으로 나눈 후 그 넓이의 합을 구**

하는 것을 적분이라고 합니다. 적분은 영어로 합을 나타내는 단어 섬(sum)의 앞 글자 s를 위아래로 길게 늘인 기호 $\int$(integral, 인티그럴)을 사용합니다. 작은 조각들을 합한다는 의미지요. 특히, 실제 땅의 넓이를 구하는 것과 같이 **일정하게 정해진 양을 계산하는 적분을 '정적분(正積分)'이라고 합니다.**

적분의 계산 방법은 소개하지 않겠습니다. 다만, 여러분이 정적분의 개념을 정확하게 알고 있다면 복잡한 평면 도형을 보아도 그 넓이를 구할 수 있다는 것을 알고 당황하지 않을 거예요. 정적분은 원의 넓이를 구하기 위해 원을 작은 조각으로 잘라 직사각형 모양을 만들었던 것과 같이 불규칙하게 생긴 도형을 무수히 많이 잘라 그 넓이의 합을 구하는 계산 방법이라는 것을 기억하세요.

정적분의 활용

정적분의 개념은 복잡한 공식의 계산뿐 아니라 실생활에서 다양하게 활용되고 있습니다. 의학, 건축학 등 다양한 분야에서 쓰이고 있지요. 예를 들어, 인체 내부를 촬영하는 CT촬영은 적분의 개념을 토대로 설계되었습니다. 병원에서 주로 쓰이는 CT촬영은 터널처럼 둥근 기계에 들어가 신체 내부 사진을 찍는 것을 말해요. CT촬영은 여러 각도에서 인체에 엑스선을 투과하여 그 선이 인체에 흡수되는 양을 측정한 후, 흡수된 양을 재구성해서 원하는 신체 부위의 모습을 구현하는 원리로 이루어집니다. 엑스선이 흡수된 양을 재구성할 때 적분의 개념이 활용되지요. 무수히 많이 촬영된 영상을 컴퓨터를 이용해 합쳐서 다시 인체 내부의 사진을 구성합니다.

건축학에서도 적분이 많이 쓰입니다. 특히 사회 기반 시설들의 건설 가능성 여부를 검토하는 토목 공학에서는 적분 계산이 필수적입니다. 예를 들어 도로 건설 계획을 세울 때 울퉁불퉁한 지면을 평평하게 만드는 방법을 연구하고 도로의 높이도 계산합니다. 도로가 너무 낮으면 흙이 남을 테고 너무 높으면 흙이 모자랄 수 있으니까요. 이때 지표면을 그래프로 표시한 후 적분의 개념을 활용하여 적절한 지면의 높이를 계산합니다.

적분의 개념은 이와 같이 우리가 상상하는 것 이상으로 우리 삶과 생활에 중요한 역할을 하고 있습니다.

1. 축척이란 실제 거리를 지도상에 줄여 나타낸 비율을 의미합니다.

2. 좌표평면에서 도형을 아주 작은 직사각형으로 나눈 후 그 넓이의 합
   으로 도형의 넓이를 구하는 계산을 정적분이라고 합니다.

3. 적분을 나타내는 기호는 $\int$ (인티크럴)입니다.

여러분이 컴퓨터에서 '컵'이라는 글자를 쓴 후 출력하면 종이에 '컵'이라는 글자가 인쇄되어 나오지요? 그런데 글자가 아니라 진짜 컵이 만들어져 나온다면 어떨까요? 이러한 꿈같은 이야기는 이미 우리 일상에서 이루어지고 있습니다. 바로 3D 프린터 덕분이지요.

3D 프린터는 입체적인 설계도만 있다면 종이를 인쇄하듯 3차원 물품을 찍어 낼 수 있는 기계입니다. 1984년 미국의 찰스 홀이 설립한 회사 '3D 시스템스'에서 처음 발명했지요.

그런데 이 3D 프린터의 기본 원리에 바로 적분이 담겨 있습니다. 3D 프린터의 제작 과정은 3단계로 구분할 수 있습니다. 첫 번째 단계는 컴퓨터 프로그램을 이용해 만들고자 하는 제품을 삼차원으로 디자인하는 것입니다. 두 번째 단계는 디자인한 3D 도면을 얇은 종이처럼 한 층 한 층 나누는 것입니다. 마지막으로 얇은 층들을 다시 바닥부터 쌓아 올리는 적분의 과정을 통해 완성품을 만듭니다.

3D 프린터 개발 초창기에는 단순히 플라스틱 소재의 물건들을 만드는데 그쳤던 반면, 최근에는 고무, 콘크리트, 식품 등 3D 프린터의 원료가 다양해짐에 따라 건축물, 요리, 자동차 제작 등 다양한 분야에서 3D 프린터가 활용되고 있습니다.

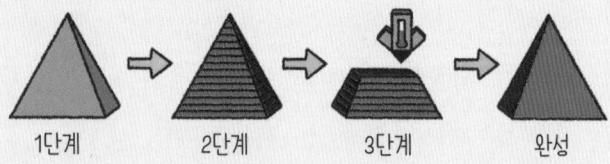

1단계   2단계   3단계   완성

교과 연계

초등학교	중학교	고등학교
다각형의 둘레와 넓이	1학년 Ⅳ. 기본 도형 　1 기본 도형 Ⅴ. 평면도형과 입체도형 　1 평면도형의 성질	수학Ⅱ Ⅲ. 적분 　2 정적분
	2학년 Ⅳ. 도형의 성질 　1 삼각형의 성질 　2 사각형의 성질 Ⅴ. 도형의 닮음 　1 도형의 닮음	
	3학년 Ⅴ. 피타고라스의 정리와 삼각비 　1 피타고라스 정리 　2 삼각비	

이미지 정보

35면　한국표준과학연구원

36면　한국표준과학연구원

45면　richoz (pixabay.com)

47면　Sharon Mollerus (commons.wikimedia.org)

57면　KENPEI (commons.wikimedia.org)

수학 교과서 개념 읽기
넓이 미터에서 정적분까지

초판 1쇄 발행 | 2021년 1월 22일
초판 2쇄 발행 | 2021년 1월 29일

지은이 | 김리나
펴낸이 | 강일우
책임편집 | 이현선
조판 | 신성기획
펴낸곳 | (주)창비
등록 | 1986년 8월 5일 제85호
주소 | 10881 경기도 파주시 회동길 184
전화 | 031-955-3333
팩시밀리 | 영업 031-955-3399 편집 031-955-3400
홈페이지 | www.changbi.com
전자우편 | ya@changbi.com